晨星出版
Morning Star

遇見101隻世界名犬

横跨現實與虛構的狗狗們，讓你看見牠們無窮的魅力

目 錄

目 錄

名人與狗

目 錄

編輯序 ++++++++++++++++++++++++++++++++++++++

　　人類馴化狗狗的歷史將近兩萬年，在各種考古資料中，人與狗狗共用墓穴的發現屢見不鮮，證明狗狗從很久以前就是人類的好朋友，而且對人類社會影響頗深，在人類的歷史、文化與神話故事中，處處可見到狗狗的蹤影，世界各國皆然。在這近兩萬年的歷史縮影中，狗狗也從牠們的老祖先，逐漸馴化為人類喜歡的樣子，而且對於人類越來越忠誠，也越來越像人類。在生物學上有「人與狗共同演化」的研究，科學家們發現，狗狗在食性、疾病、習性等各種生理與心理方面，已經跟牠們的老祖先與同科同屬的親戚越離越遠了。時至今日，在基因突變與工作需要的人擇篩選下，我們已經不能完全用狼的習性來解釋狗的行為，反而要配合人類的面向來分析各種狗狗的行為表現。

　　因為人類與狗狗的關係如此親密，又能幫助人類進行各種工作，因此誕生了非常多世界名犬，數量遠遠超過 101 隻，而其中留下最多記錄的，主要是軍犬與救難犬兩類工作犬。在本書的編輯中，其實我們非常頭痛，因為每一隻狗狗的故事都值得歌頌，牠們表現出其他動物少見的大無畏精神、不害怕受傷與犧牲，只是為了保護深愛的我們，有些故事真的看到一半，眼淚就會掉下來。例如在救難犬這篇中，我們就搜尋到一篇來自九一一事件時，搜救犬隊的英文報告，報告書中記錄了這些搜救犬在救災過程中陸續出現憂鬱症狀，因為救難時間過的越久，越難從大樓廢墟中找到生還者，而這些狗狗可能原本有聽到微弱的求救聲，但卻來不及救出這些人，因此開始出現失意喪志的情況。為了緩解牠們的憂鬱症狀，搜救隊員們會假裝成傷患，讓搜救犬尋找，重新找回救援的信心。

本書的出版要感謝眾多朋友的幫忙，因為資料來自世界各國，橫跨七大洲五大洋，在分類與翻譯上耗費了很多時間與人力，還要特別感謝主筆小文風的編寫，整理成淺顯易懂的文字呈現給大家。但誠如前一段所說，世界名犬何止101隻？每一篇主題都是萬中選一，我們也儘量在相同的主題中，多收錄一些知名狗狗給大家認識，所以書中出現的名犬數量保證大於101隻，希望能滿足您想認識更多世界名犬的渴望。

當然，由於資料數太大，難免有所疏漏，或是選擇到不恰當的內容，若是各位讀者在閱讀時發現有認知上的不同或是內容有誤，都歡迎寄回回函告知我們，或是至晨星出版寵物館的粉絲專頁留言。若本書有機會再版時，會將我們不足的部分補上與修正。

最後要感謝閱讀這本書的您，相信您一定也是愛狗人，希望這本書能帶給您更多樂趣與知識，若有幸能成為您最喜歡的一本書，甚至願意推薦給更多愛狗人，那就是對我們最大的肯定了。

真狗真事

　　每位主人都希望愛犬可以與自己永不分離，長伴自己身邊。狗狗們陪伴我們成長、戀愛、再到結婚生子，生命中每個重要的階段都有牠的參與。牠是你生命中的一部分，而你是牠的一生。

　　真狗真事中，可以感受到每位主人與愛犬之間深厚的感情，主人們也毫不吝嗇表達出，他們對狗狗發自內心的喜愛。

001 最遜的狗

即使你是最遜的狗，依然是我最愛的狗。

約翰‧喬瑟夫‧格羅根（John Joseph Grogan）是來自美國的記者兼作家，他自小生活在密西根州，大學畢業後成為了一名記者，在新聞業耕耘多年後，最終成為一位專欄作家，並贏得多項新聞界的獎項。

約翰曾經養過一隻拉不拉多犬，取名為馬利（Marley），狗狗在二〇〇三年，也就是十三歲的時候過世，約翰特別在《費城詢問報（The Philadelphia Inquirer）》上為馬利寫了一篇專欄文章來紀念牠。沒想到專欄刊出後，約翰收到將近一千位讀者迴響，這些讀者的熱情讓約翰決定幫馬利寫一本傳記，將更多的故事分享給大家。二〇〇五年時，約翰出版了第一人稱敘事傳記《馬利與我：愛上全世界上最糟糕的狗（Marley & Me：Life and Love with the World's Worst Dog）》，書中的拉不拉多犬——馬利，活力滿滿、貪吃、容易失控，被認為患有精神上的疾病，因此難以溝通與訓練，而且馬利還常常做出一些很傻，但破壞力十足的事情，不但把全家搞得烏煙瘴氣、天翻地覆，還因此造成實質財產上的損失。但是不論馬利做出多糟糕的事情，總是能得到原諒。雖然馬利被指責為世上最遜的狗，但是牠還是不斷表現出自己忠誠的一面，以及對約翰一家無私奉獻的愛，在經過時間的調適後，約翰一家決定接受馬利的本性。最後馬利因為胃扭轉而過世，給約翰一家上了最後一堂學會說再見與正視傷心情緒的課，也讓他決定將對馬利的愛延伸下去。

《馬利與我》一出版立刻成為國際暢銷書，共翻譯成三十多國語言，銷售超過五百萬本，佔據美國暢銷書排行榜達七十六個星期，其中有二十三個星期都在第一名的位置上，之後也陸續改編成適合其他年齡層閱讀的作品，並有各種延伸作品問世，同時電影版在二〇〇八年的聖誕節上映，由知名演員歐文‧威爾森（Owen Wilson）與珍妮佛‧安妮斯頓（Jennifer Aniston）主演，全球票房超過兩億美元。由於故事從頭到尾跨越了十四年的時光，為了電影的真實性與連續性，劇組在電影幕後特別透露一共安排了二十二隻相似的拉不拉多犬來扮演不同時期的馬利。

《馬利與我》電影海報。

002 最長壽的狗

以性成熟作為成年基準，二十歲就是百歲人瑞，狗狗年齡大不同。

　　普遍來說，狗狗平均壽命是十二歲至十五歲，若是能活到超過這個歲數就算是長壽了。金氏世界紀錄記載最長壽的狗狗，是一隻澳大利亞牧牛犬「藍調（Bluey）」，壽命是二十九歲又五個月，相當於人類兩百歲以上，一九一〇年開始，以幼犬的身分在澳大利亞的牧場工作超過二十年，於一九三九年走上彩虹橋。而臺灣最長壽的狗狗也活到了二十五歲，相當於一百五十歲。而讓狗狗長壽的祕訣到底是什麼呢？許多飼主都說，只要讓牠們身心保持健康，並給予滿滿的愛，就能讓愛犬長命百歲。

　　研究顯示，一般狗狗性成熟期約一歲，相對人類成年的歲數來計算，大約是二十至三十歲，四歲時約等於人類的五十二歲，滿九歲時，狗狗就已算邁入六十五歲高齡期（依犬種不同而有所差別），所以獸醫一般會以七歲來作為劃分狗狗是否進入中高齡期的分界線。若以品種來推論，有幾種狗狗屬於較長壽的犬種，尤其以小型犬居多，包含澳洲牧羊犬、米克斯、傑克羅素㹴犬、西施犬、馬爾濟斯、約克夏、吉娃娃等等。其中澳洲牧羊犬平均壽命落在十五歲，是國外最長壽的犬種之一。米克斯則是因為混血的關係，天生適應力強，沒有太多遺傳疾病，是身體較健康的犬種，認養時最好的選擇。

　　由於狗狗和人類一起生活的歷史很長，所以有共同演化（Coevolution）的情形，在心理、生理健康及常見病症上，跟人類有很多部分重疊，因此想和愛犬一起健康長壽生活的祕訣其實不難，基本上就和人類保持健康的方式一樣，首先是在心理上給予足夠的關心和疼愛，讓狗狗的心裡感到安心與踏實，是維持人狗關係的關鍵！其二是注意狗狗的體重不可過胖，每天的飲食必須定時、定點、定量，鮮食及飼料最好能夠並行，依據年齡及身體狀況給予適當的補充。其三是給予適度的活動空間、天生就好動的狗狗請給予一定空間讓牠玩耍；相對地害怕吵雜的狗狗請給予牠舒適安穩的小空間，讓牠保有安全感。最後是固定的全身健康檢查，至少一年一次，尤其關注狗狗的肝及腎，確保沒有病變，並定期施打疫苗，這樣愛犬就能成為與您相伴一生的伴侶犬。

澳大利亞牧牛犬。

犬界消息

在二○一六年，澳洲一隻卡爾比犬「瑪姬」
（Maggie），以高齡三十歲過世，換算人
類年齡可以說是二百歲的人瑞了，只可惜身
分證件遺失，無法申請《金氏世界紀錄》中
最年長的狗狗。

最聰明的狗

以正增強及重複訓練法，記住一千多個單字的狗狗。

追逐者（Chaser）是一隻超級聰明的邊境牧羊犬，據說牠能通過名稱識別和檢索分辨出一千零二十二個玩具，由牠的飼主，也是一位頗負盛名的動物行為兼心理學專家約翰‧W‧皮利（John W. Pilley）所教導。

來自美國的邊境牧羊犬追逐者，有著黑白相間的毛色，是妻子送給皮利先生的七十六歲禮物，陪伴他度過晚年的退休生活。退休後的皮利先生從二〇〇四年開始，善用自己所學，以食物與獎勵等正增強訓練法，每天花四至五個小時訓練追逐者認識各式物品的單字，每拿出一個物品，就重複念四五十次給追逐者聽，每天增加一至兩個單字，然後複習之前學過的單字，毫不間斷。而追逐者的學習能力也很優秀，在五個月的訓練裡就成功記下五十個單字，經過三年多的練習，追逐者竟然記下了一千多個英文單字。而且追逐者還學會了邏輯推理，如果玩具堆裡的玩具都是追逐者認識的，皮利先生說一個新單字要追逐者從玩具堆中找出來，追逐者會以刪除法，從中找出自己不認識的玩具交給皮利先生，並學會新玩具的名稱。後來皮利先生出版了一本書，講述自己跟追逐者的故事《Chaser：Unlocking the Genius of the Dog who Knows a Thousand Words》，一躍成為紐約時報的暢銷書。皮利先生於二〇一八年過世，追逐者也在二〇一九年，追著皮利先生跑上彩虹橋。

邊境牧羊犬在美國一直是很受歡迎的寵物犬，但也是很常見的遺棄犬種，有一說是因為邊境牧羊犬實在太聰明了，牠們喜歡盯著飼主，等待飼主的指令。因此，某些家庭在小朋友出生後，發現到這麼大的狗狗老是盯著家中小小的幼兒，心裡都會覺得毛毛的，因而決定將狗狗送養或棄養。

邊境牧羊犬。

體型最大的狗

上犬與大丹犬，史上大狗金氏紀錄 PK。

海德尼上犬（Epicyon Haydeni）是已經滅絕的恐犬亞科（碎骨犬）動物，是北美洲特有種，有著如灰熊般巨大體型的犬科動物，估算平均高度超過一公尺，體重約在九十到一百三十公斤上下，是目前已知體型最大的犬科動物，頭骨化石巨大且下顎發達有力，幾乎無法跟狼聯想到一起，反而更像獅子，這樣的特徵能提升上犬的捕獵能力，獲得更多的獵物，有利於跟當時的劍齒虎、郊熊等掠食動物競爭。上犬從美國佛羅里達州一直延伸到加利福尼亞州，甚至到加拿大的亞伯達省，都有分布的蹤跡。

海德尼上犬是以第一位發現上犬化石的地質學家海登博士（Ferdinard Vandeveer Hayden）的名字所命名，海登博士長期在美國西部進行探索和調查。他們發現美洲有三個大型犬種，海德尼上犬排第一，幾乎可迎戰大型貓科動物，咬合力比狼還要強大凶暴，是已滅絕的最大型「犬科動物」；第二是恐狼，出現時間比上犬晚；最後是現生犬科中最大型的犬科動物灰狼。

目前世界金氏紀錄上全球最高狗狗的紀錄，大多由大丹犬拔得頭籌，其中佛萊迪（Freddy）就曾以一〇三點五公分的超高身高認證為全球最高狗狗。由人類培育出的大型狗大丹犬，產於德國，也稱作德國藏獒、丹麥獵犬等等，身高平均達七十公分以上，體重約四十五公斤以上，個性聰明溫順，而且相當勇敢機智，很適合訓練成警衛犬，深受歐洲王室及貴族喜愛，當時飼養大丹犬也代表一種權貴的象徵。二〇一六年的得主大丹犬佛萊迪若以非正式的衡量標準直立站起，身高可達兩公尺以上，主人克萊兒（Claire Stoneman）表示，佛萊迪是從一堆狗狗中領養回來的，飼養短短八年間瘋狂成長，雖然佛萊迪體型巨大，但這個超級大個兒卻是個溫馴可愛的巨人，愛撒嬌愛玩，內心還是當年那隻愛玩親人的幼犬。

可惜的是，佛萊迪在二〇二一年去世，得年八歲。而在二〇二二年，美國德州一隻名為宙斯（Zeus）的大丹犬接棒，再次刷新金氏世界紀錄，牠站立時

身高一〇四點六公分，是現存世上最高大的狗狗。

站起身的大丹犬輕輕鬆鬆就能搭上高聳圍欄。

犬界消息

最高狗狗身高為一〇四點六公分，與之相反的最小
狗狗則是二〇一三年來自波多黎各的吉娃娃「奇蹟
米利」（Miracle Milly），只有九點五公分左右。

最吵的狗

因為工作需求而人擇特別加強吠叫聲，需要適當的訓練的狗。

本篇先來介紹排名前五的愛講話狗狗：

第一名：米格魯

若説米格魯和吉娃娃是愛亂叫的狗狗冠軍，可能沒什麼人反對，似乎米格魯在這方面的得票數比吉娃娃多一些，米格魯是有著「森林之鈴」響亮外號的小型獵犬，聲音高昂又可以拉長，身為獵兔犬的牠可是獵人最好的夥伴，吠叫是一種提醒與嚇止，因為米格魯體型較小，常常一鑽進草叢中就不見狗蹤，所以在培育時，有特別加強人擇吠聲宏亮與尾巴上顯眼的白毛，這樣獵人比較容易在茫茫樹海中找到狗影。所以若是主人未適當的訓練，可是會把自己和左右鄰居逼瘋的。好動的牠聰明友善，非常需要適當的散步消耗體力。

第二名：吉娃娃

吉娃娃個頭小卻膽子大，警覺性相當高，是被當作「警報犬」人擇培育的犬種，只要好好的訓練，是很適合顧家的小幫手，如果未適當訓練，吠叫起來宏亮又尖銳的聲音，很容易被認為是超級神經質的小壞蛋。

第三名：博美犬

博美犬是屬於玩賞犬的小型犬，外型亮麗，擁有柔軟濃密的毛髮，身型嬌小、表情古靈精怪，有著宏亮尖銳的叫聲，跟吉娃娃一樣能作為警報犬，很適合當作家庭陪伴犬，但很會爭寵，若沒滿足牠的需要，就會一直吵著要人注意牠。

第四名：貴賓犬

貴賓犬原本也是人擇培育出的獵犬，近幾年逐漸成為家庭陪伴犬，但是不論體型大小，警覺性都很高，任何風吹草動都逃不過牠的法眼，會用高亢的吠叫聲來吸引主人注意，警告主人有奇怪的動靜，是很忠心的伴侶犬。

第五名：哈士奇

哈士奇其實是雪橇犬的一種總稱，也是相當能叫的狗狗，無時無刻都想引起別人注意，哈士奇的吠叫不僅僅有警戒的作用，有時還會用來討主人關注。

主要是因為在極地地區常有強烈的暴風雪，狗狗很容易走失或因風雪受困，若沒有高亢的吠聲就很難在茫茫雪地中找到狗狗，所以人擇時特別針對吠叫聲做重點培育。

多數狗狗響亮或尖銳的吠叫聲都是人擇的結果。

金氏世界紀錄上記載了一隻來自澳大利亞的黃金獵犬查理（Charlie），牠在一場狗狗最大聲吠叫的活動中，寫下一一三點一分貝的成績，一般我們談話聲大概是六〇分貝，九〇分貝大概是電鋸鋸木頭的聲音，一一〇分貝相當於螺旋槳飛機起飛的聲音，已經會傷害人類的耳朵。

犬界消息

吠叫是狗狗表達意見的方式，但是過度且頻繁的吠叫聲，也是主人必須處理的課題之一，在責罵狗狗之前，不妨先理解狗狗吠叫的原因，例如：保護家園、孤單、緊張、分離焦慮等，才能有效解決問題。

得到最多獎項的狗

第一隻會操作 ATM 的服務犬。

恩達爾（Endal）是二十世紀以來，獲獎數最多的一隻優秀拉不拉多犬，牠身為一隻服務犬及慈善大使，能力得到全球矚目，並榮獲「千年之狗」和英國獸醫慈善組織（PDSA）所頒發「動物勇敢與奉獻精神」金牌（PDSA Gold Medal），這可是動物最高的獎項。牠也是英國最著名的救助犬，更成為往後救難犬的模範榜樣。

從小恩達爾身體就有殘疾，牠的前腿患有關節疾病，但這並不影響牠的聰明才智，在慈善機構培訓後成為救助犬，也打破了一些機構和人們對牠的質疑。前任皇家海軍首席副官艾倫·帕頓（Allen Parton）很快成為恩達爾服務的對象，一九九一年，艾倫·帕頓在服役期間頭部遭受嚴重創傷，記憶力只能維持兩日，必須乘坐輪椅，語言方面表達困難，只能使用簡單的手語應對，更無法判斷道路安全與行車距離，針對以上種種狀況，他確實很需要一隻服務犬！就在這個時候恩達爾來到艾倫·帕頓身邊。

聰明的恩達爾聽得懂超過一百個指令，就在兩人初相見的時候，帕頓感受到和牠心有靈犀，只要帕頓摸摸頭，恩達爾便會去拿帽子、摸摸臉恩達爾會給他剃刀。其他日常生活中，恩達爾會開火車門、使用升降機、洗衣機，甚至會操作提款機（將卡插入和取出）並將提領的錢放置錢包中。某次帕頓在洗澡時昏迷不醒，是恩達爾將帕頓拖出浴缸，將他放置在安全的位置後，再去按下家中的急難救助鈕。另一次帕頓從旅館出來遭一台車撞出了輪椅，恩達爾趕緊將他拖至安全地帶並咬來輪椅上的毛毯為他蓋住，之後到旅館大聲吠叫呼救，這件英勇救主的事跡瞬間被宣揚，恩達爾成為出名的服務犬。

恩達爾一生獲獎無數，二〇〇〇年 Prodog「年度狗狗」及「千年之狗」，二〇〇一年「地方英雄」，二〇〇二年「年度援助犬」、「金骨獎──終身成就」、「金牌好公民」、「PDSA 金牌」，二〇〇三年「金藍彼得──傑出的勇氣和勇氣」，二〇〇四年「終身成就」、二〇〇五年「年度英雄犬」。

與恩達爾相似的拉不拉多犬。

犬界消息

在恩達爾過世之後，帕頓理解到社會上有一群人跟他一樣，需要服務犬的幫助，因此成立了「英雄獵犬」（Hounds For Heroes）慈善機構，協助訓練狗狗，成為受傷士兵的好幫手。

007 最富有的狗

狗界的富二代，擁有揮霍一生的本錢。

什麼叫做好狗命，我們可以從世界上最富有的狗狗「岡瑟四世」（Gunther IV）身上看見，這隻德國牧羊犬擁有三・七五億美元（約新台幣五十三億）財產，不止名字有帝王的感覺，過的也是帝王的生活，還有十二位專業人員照顧起居生活，過著衣食無缺、令人欣羨的日子。岡瑟四世可不是一隻單純的寵物狗，而是出生便超有錢的狗狗，財產有專業的理財顧問打理，其財富已位居「寵物富豪榜」第一名。

岡瑟四世之所以如此富有是繼承了父親「岡瑟三世」（Gunther III）的全部財產，當時岡瑟三世的主人奧地利伯爵夫人卡洛塔（Karlotta Leibenstein）留給牠約一・〇六億美元（約新台幣三十二億）的財產，並委託親友投資，幾年間成功獲利達到至今的三・七五億。因此岡瑟四世可以算是名符其實的狗狗富二代，坐享其成這些財富。

如今岡瑟四世過著貴族般的生活，在豪華別墅中享受著松露、魚子醬、牛排等，還有專屬的大廚為牠烹飪全世界最美味又健康的料理。日常的生活就跟富翁沒有兩樣，外出有專車接送、定期做美容保養、還有自己的狗狗游泳池，不論何時何地身邊都充滿各式各樣的人物陪伴牠，名下財產包含瑪丹娜昔日所住位在佛州邁阿密的海景豪宅，價值三千萬美元（約新台幣九千萬元），不過近期看護團隊決定以三一七〇萬美元，約八・八億台幣出售這棟佔地一・二英畝的豪宅。其他豪宅遍及巴哈馬群島、義大利托斯卡尼、米蘭等地。

另一群富有的狗狗包含知名脫口秀主持人歐普拉（Orpah Winfrey）的五隻狗寶貝莎迪、桑妮、蘿倫、蕾拉和路克（Sadie、Sunny、Lauren、Layla、Luke）。歐普拉已經在遺囑中寫到，將留給牠們三千萬美元（約新台幣九・二億元）的財產。另一隻人氣博美犬「Boo」，則是擁有自己的商標品牌及故事書，身價達約八百萬美元。

因為狗狗地位提升，
現在飼主將遺產信託給愛犬的情況也增多。

犬界消息

身價八百萬美元的人氣博美犬「Boo」可以說是第
一代網紅犬，更被稱作是「世界第一可愛的狗」，
臉書粉絲專頁有超過一千五百萬人追蹤，還有一個
好朋友Buddy。遺憾的是，Buddy跟Boo分別在二
○一七年及二○一九年因健康問題過世。

008 世界上最醜的狗

醜壓全球，卻溫暖可人。

艾伍德（Elwood）是一隻於二〇〇七年獲選「全球最醜狗」的狗狗，牠擁有中國冠毛犬（Chinese crested）和吉娃娃（Chihuahua）的基因，全身幾乎光禿禿無毛髮，頭上還留有一小撮像龐克頭的白毛，凸眼加上宛如鬼魅的長舌向外露出，長相相當奇特，因此大家會稱牠作「ET」或「尤達」，艾伍德於二〇〇六年在「全球最醜狗」比賽中只拿到亞軍，但到了隔年榮登榜首，匯集種種奇怪特徵的牠，當選可說是實至名歸。

由於長相醜陋，才九個月的牠差點就要遭到安樂死，幸好在二〇〇五年被主人奎格利（Karen Quigley）收養，為一家人帶來許多歡笑，受到愛犬的啟發，奎格利經常帶著艾伍德參加動保團體或幫忙慈善機構募款，活動場次多達兩百多場，每當艾伍德出現時都會迎來許多好奇及驚訝的眼光，但奎格利就是希望人們能帶著接納及善待的心來認識像艾伍德一樣特別的狗狗，活動期間奎格利還出版了《人人都愛艾伍德》（Everyone Loves Elwood）這本童書，鼓勵大人教導小朋友勇敢做自己。

以醜聞名的艾伍德在二〇〇七年美國加州佩塔盧馬舉行的「全球最醜狗」比賽中勝出，這可是得來不易的獎項，牠承認了自己的奇怪特徵，向世界介紹自己天生的「醜」，並榮獲了世界醜狗冠軍戒指。艾伍德以自己獨特的美麗開心的生活，並擁有一大票稱牠為「ET」或「尤達」的粉絲，這些粉絲絕對不是帶有嘲諷之意，而是以尊敬之心喜愛這個勇敢接受自己的狗狗。

然而艾伍德的生命僅短短八年，在經過幾個月身體不適後，原以為有好轉的跡象，卻在二〇一三年的感恩節那天辭世，艾伍德的主人在 Facebook 寫下令人震驚又傷心的消息：「我至今無法回過神來，無法想像沒有牠的生活，我需要時間來處裡突如其來的狀況，我對牠的愛是一生一世的，感恩節成了我最黑暗的一天，感謝艾伍德八年的陪伴，彷彿是上天給我的禮物。」

二〇〇七年獲選「全球最醜狗」的狗品種是中國冠毛犬。

犬界消息

「全球最醜狗」比賽（World's Ugliest Dog Contest）大約於一九七〇年代開始舉行至今，每年六月在加州舉辦，參賽狗狗不限品種，只需要提供健康證明，確認狗狗是天生長得「醜」，而非後天導致，主辦單位期望透過比賽，讓更多人關注這些受傷、遭遺棄的狗狗。

009 土佐鬥犬

據說是全世界最猛的格鬥犬，能在幾分鐘內擺平藏獒。

土佐鬥犬（Tosa Token 或是直稱土佐犬 Tosa Inu）是日本著名的大型競技犬種，起源於十九世紀。明治時期鬥犬盛行，相傳土佐鬥犬是由四國犬與古英國獒、前田犬、牛頭㹴、大丹犬、鬥牛犬等犬種培育交配出來，承襲這些犬種的基因表現，因此精力旺盛、體型高壯，具有高度戰鬥能力等等，並在一九一三年左右達到高峰，之後在二戰時期幾乎絕種，直到戰後才又重新復育。

土佐鬥犬頭很大，鼻口部與獒犬相似，臉有皺褶，就算被抓也不容易受傷，毛髮短又硬，毛色帶著紅色、混入金色的茶色與黑色，有著長長的垂尾與垂耳，體重從三十到一百公斤都有（六十公斤以上才會被歸類在大型犬），因為競技的關係，土佐鬥犬也不太會叫。土佐鬥犬歸類為危險犬種，不適合一般家庭作為寵物飼養，主要都是飼養來參加打鬥比賽，是專業級的打鬥犬，經過訓練的土佐鬥犬幾乎是世界上最兇猛的犬類之一，傳說能在六分鐘之內擺平藏獒。

土佐鬥犬比賽規則如同相撲，評分的標準以戰鬥時間持續的長短、表現的勇氣以及毅力等項目來判斷，訓練師會為狗披上戰袍與套上寫有名號的項圈，用編織的粗繩牽引上土俵，每場比賽時間約三十到四十分鐘。兩隻鬥犬互相激戰時，只要有一方哀號、咆嘯或試圖逃跑就算輸。值得一提的是，由於比賽看的是犬隻表現出的氣度與精神，即使一直處於劣勢，但若表現出強烈不服輸的鬥爭慾望，也是可能獲得勝利。土佐鬥犬在階級上還分為四個級別，分別是小結、關協、大綱、橫綱，跟相撲一樣，等級越高的價值越貴，在犬舍的待遇也越好。

血統純正優良的土佐鬥犬擁有壯碩的體型與肌肉，對飼主與飼主的家庭相當忠誠與親近、行動敏捷不愛吠叫，重點培育的血脈及體型，讓土佐鬥犬在比賽中佔有相當大的優勢。此外，成為鬥犬的先決條件是必須為雄性犬，所以雌犬會被訓練來搬運貨物或是當護衛犬。雖然土佐鬥犬在許多國家被列為危險犬種而無法飼養，但先不說飼養時在飼料與保健品上的花費有多驚人，土佐鬥

犬因為地域性強以及力氣大，若真的暴衝起來，老人、小孩與女性是無法控制的，特別是在發情期時尤甚，加上繁殖具有難度，平日還需要安排大量的活動幫忙土佐鬥犬消耗體力，避免壓力累積，是很需要花時間陪伴與金錢飼養的犬種，所以很難成為普通家庭的寵物犬。

日本土佐鬥犬

犬界消息

在臺灣，農委會已經將比特犬、土佐鬥犬、紐波利頓犬、阿根廷杜告犬、巴西菲勒犬及獒犬列為危險犬種，飼主除了需要辦理寵物登記外，出入公共場合需要使用一點五公尺的牽繩，還必須加戴口罩作為防護措施，才能保護民眾，也保護狗狗。

010 賽犬

英格蘭歷史上最厲害，誰都追不上我。

Endless Gossip 是一九五〇年代的賽狗，牠於一九五二年獲得「英格蘭賽犬競賽（English Greyhound Derby）」冠軍，可以說是英格蘭有史以來最厲害的賽狗之一，獲獎無數，除了參加英格蘭賽犬競賽外，也曾參加過威爾士賽狗競賽（Welsh Greyhound Derby）、舉辦在諾丁漢賽犬體育場的 Select Stakes、全英盃賽及溫布利夏季盃。

牠是由退休的養牛人亨利・歐內斯特・戈徹（Henry Ernest Gocher）飼養。亨利活用過去豐富的養牛經驗，並參考飼養優質肉牛的遺傳理論培育賽犬，他購買了一九四九年英格蘭賽犬競賽冠軍納羅加・安（Narrogar Ann），並將牠與一九四八年英格蘭賽犬競賽冠軍交配，並期待這窩小狗未來能成為英格蘭賽犬競賽的常勝軍，Endless Gossip 出生於一九五〇年三月，從小就由自己爸媽的導師：知名的訓獸師萊斯利・雷諾茲（Leslie Reynold）所訓練。

一九五二年才兩歲的 Endless Gossip 第一個目標就是英格蘭賽犬競賽，牠在第一輪以驚人的二八・五二秒取勝，並以優勢的比分順利晉級。而在半決賽中，雖然牠落後至第三名，但仍成功跑進決賽，於是牠把握機會在二八・五〇秒內取得勝利，並打破大會紀錄，這項佳績維持了二十多年無犬能敵。

接著，短短一週後，牠又在卡迪夫武器公園（Cardiff Arms Park）贏得了威爾士賽犬競賽，本想趁勢贏得三冠王機會，但卻因為蘇格蘭賽犬競賽取消而痛失機會，狀態極佳的牠繼續挑戰溫布爾登錦標賽，並贏得桂冠，還獲得超過了五千英鎊的獎金，戰績輝煌。

一九五三年，牠參加了滑鐵盧盃（Waterloo Cup），牠在這場賽事中展現各方面的強項，後來牠在克魯夫茨狗展（Crufts）的表演賽中獲獎。同年牠與 Castle Yard 交配，並將牠驚人的速度和賽道感傳承給了 Sally's Gossip，而牠的孩子也成為下世代賽狗基因的奠基犬之一。Endless Gossip 最後賣給邁阿密的美國飼養員瓊・亨特（Joan Hunt）小姐並成為優秀的種犬。

英國賽犬競賽是英國賽狗歷史上最負盛名的比賽。

犬界消息

賽狗比賽與英國狩獵文化有著不淺的淵源，一八三一年英國正式通過狩獵法，獵犬逐兔賽也隨之盛行，到了一九二二年左右，美國的歐文‧派翠克‧史密斯（Owen Patrick Smith）認為野兔被獵犬撕咬畫面過於殘忍，因而發明電動假兔，也讓現今的賽狗比賽逐漸成形。

011 獵犬飆速王

打破世界紀錄，英國連勝三十二場的傳奇賽犬。

巴利里根‧鮑勃（Ballyregan Bob）是八〇年代相當有名、得獎無數的獵犬，與 Mick the Miller 和 Scurlogue Champ 並列為英國有史以來最偉大的三隻獵犬。鮑勃是一隻英國靈緹犬（常見暱稱為灰狗），這種狗原本作為獵鹿犬使用，身材纖細精壯，以擅長高速奔跑聞名，在飼主喬治‧柯蒂斯（George Curtis）的訓練下，因為連勝三十二場賽事打破世界紀錄而成名。

鮑勃最有名的賽事包含在布萊頓舉行的奧林匹克主場比賽、在沃爾瑟姆斯托舉行的測試賽和在羅姆福德舉行的埃塞克斯凡斯賽。在歷經多場重要賽事並奪得勝利的牠，並沒有出現疲態，反而場場創下佳績。一九八六年幾乎是牠的高峰期，在布萊頓參加了挑戰賽，並在這場比賽奪得第三十二場勝利，打破了美國賽犬喬杜普（Joe Dump）保持的世界紀錄。

鮑勃卓越的成績和響亮的名聲讓牠登上英國史上最佳獵犬的寶座，鮑勃退休之後，牠的血統受到美國、德國、英國等國家的重視，特別幫牠配種培育血脈。此外，鮑勃還是英國皇家海軍追擊號巡邏艦（HMS Pursuer）的指定貴賓，因為這艘巡邏艇的船徽就是一隻代表英勇善戰的靈緹犬。鮑勃在一九九四年過世後，被製作成標本保存在特靈的自然歷史博物館紀念展示。同時，博物館內還有另一位知名靈緹賽犬，就是前面提到的 Mick the Miller，也被製成標本展示，這隻狗除了有英國第一賽狗的美譽外，還是一位受歡迎的電影明星。

目前合法的賽犬比賽可以在澳大利亞、紐西蘭、美國、英國等地看到，賽犬會在橢圓形賽道起跑欄內一字排開，前方有移動式機械兔子引誘賽犬衝刺，並依到達終點線的時間排名。當然，賽犬跟博弈還是脫離不了關係，但是因為利益龐大，並為國家帶來豐厚的稅金，所以這些賽犬都受到法律保護，不但有專屬獸醫，還有定期健康檢查，若有任何狀況發生，不論事由，訓練師都要徹底負責並接受嚴厲的懲罰。而賽犬退休後，除了血脈保存的用途外，也有相關單位協助安排認養，像英國就建立了賽犬的數據庫來媒合認養人，美國也有信託基金專門用來安排賽犬的退休生活。

獵犬競速比賽。

犬界消息

澳門曾經擁有亞洲唯一合法賽狗場，一九三一年成立的澳門逸園賽狗場，曾經見證過澳門的繁榮風光，每天晚上六到八隻格力犬追著電兔奔跑，一晚十二場比賽，但隨著新興賭博活動及相關動物保護意識興起，收益逐年下降，並在二〇一八年七月宣布結束營運。

012 衝浪狗

專業衝浪手，我的帥氣英姿不輸你。

　　狗狗衝浪源自一九二〇年代的加利福尼亞和夏威夷，那時在沿岸地區開始舉辦各種大小型的比賽，到了一九三〇還有電視節目《在威基基的波浪上》拍攝到狗在衝浪板、趴板、風帆板上乘風前行的英姿，讓人看見狗狗的另一項長才。

　　生性愛水的狗狗和喜愛衝浪的主人一拍即合，時常一同到海邊報到，不玩你丟我撿，而是和主人一樣站上衝浪板，迎向洶湧浪花也不畏懼，這些帥氣狗狗的平衡感也是這樣一次次訓練起來的，因此會參加比賽的都是能靈活掌控衝浪板的好手。

　　在美國加州的亨廷頓海灘（Huntington Beach），每年都會舉辦「狗狗衝浪大賽（Surf City Surf Dogs）」，每一屆都會有數十隻的狗狗來參賽，許多都已是衝浪老手，站上衝浪板的樣子絲毫不輸人類啊！這項競賽目前已經舉行到第五屆，依照體重分組，從約九公斤以下到二十七公斤以上區隔出小、中、大型犬三組。參賽的狗狗們各個配備齊全，救生衣、衝浪板、墨鏡，一應俱全，就等著和心愛的主人一起參加這熱鬧的年度賽事。

　　這些參賽的狗狗必須在十二分鐘內衝破浪花並完成規定的衝浪距離不落水，而裁判也會觀察狗狗的穩定度、掌控力以及是否達規定標準來給分。這是一場極為有趣的比賽，狗主人會為成功的狗狗歡呼，也會心疼落水的狗，就像父母在看嬰兒比賽一般激動，這些狗狗就是狗爸媽的心頭肉，寶貝得不得了。

　　曾經有一隻十歲大，名為艾比（Abbie）的澳洲牧羊犬挑戰一〇七公尺的巨浪，創下世界紀錄。流浪犬艾比六個月大時被主人麥可領養，當時年幼的牠和主人一同到海邊衝浪，一看到衝浪板便能穩穩地站在上面，從此踏上衝浪手之路，麥可開始控制牠的飲食、保持完美的體態及肌肉量，還為艾比挑選狗用衝浪衣並精選一個適合牠的衝浪板，歷經九年養成了一隻優秀的衝浪狗。

位在美國加州亨廷頓海灘的衝浪狗比賽。

犬界消息

不論是衝浪還是戲水，要讓狗狗玩得開心又放心，結束後的清潔與照護便十分重要。不管是長毛犬還是短毛犬，在戲水後，建議替狗狗用寵物用洗毛精清潔，避免細菌及寄生蟲孳生，同時應盡快吹乾狗狗的身體，還要特別注意耳朵的清潔，才不會導致耳道積水發炎喔！

013 太空犬

為推動人類文明進步而獻出生命的狗狗。

　　萊卡（Laika）是來自俄羅斯的著名太空犬，牠在一九五七年十一月三日所執行的太空任務中，搭乘蘇聯人造衛星——史普尼克二號飛行地球軌道，成為史上首位進入太空並繞行地球的動物。

　　在二十世紀中期，蘇聯率先投入龐大資源，積極發展航太科學技術，並成功在一九五七年十月四日發射了史上第一顆人造衛星——史普尼克一號進入太空。當時科學家深信有朝一日火箭也能將人類安全地送往太空，因此便決定先透過動物實驗，試著讓環境耐受力較佳的流浪犬進行太空測試。出身於莫斯科街巷中的萊卡，是隻體型較小的混種犬。儘管是隨處可見的流浪狗，毫無特別之處，科學家卻相中了溫馴的牠做為太空動物實驗的培訓犬一員（根據紀錄表示，科學家是特別挑選流浪狗做太空實驗，因為他們認為這類的米克斯犬比品種犬更能適應艱困環境與艱難訓練）。

　　「萊卡」這個名字，在俄語的意思為「吠叫者」，是由參與太空計畫的科學家替牠所取，但事實上萊卡的性格安靜、沉穩，甚至從不會與其他同伴發生衝突，這樣的特質對於太空任務來說尤其重要。萊卡作為太空計畫的候補生，與牠的夥伴阿爾比那（Albina）和穆什卡（Mushka）共同接受嚴格的太空犬訓練。科學家為了克服狹窄的太空艙環境以及火箭升空時所產生的噪音、加速度與失重情況，安排了一系列模擬訓練，並透過儀器隨時監控培訓犬們的各項生理數據。

　　歷經了漫長的測試及健康評估後，負責動物實驗的科學家弗拉迪米爾・雅茲多夫斯基（Vladimir Yazdovsky）最終選擇了表現優異的萊卡擔任太空犬。然而，令人遺憾的真相卻是當時的蘇聯太空艙尚未開發出脫離地球軌道返航的技術，太空犬萊卡的宇航之旅將是無法回頭的單程旅行。

　　作為飛向外太空的先鋒者，萊卡的實驗成果對太空科技的發展可說是意義非凡，讓人類能夠實現載人航行宇宙的夢想。為了紀念萊卡對太空探索的貢獻，俄羅斯於二〇〇八年在首都莫斯科豎立一座太空犬紀念碑，並將萊卡的事蹟銘刻於莫斯科太空征服者紀念碑之中。

萊卡的紀念雕像，建於莫斯科。

犬界消息

歷時五個月，繞行地球二五七○圈後，載著萊卡的
史普尼克二號墜落，並在大氣層中焚毀。而萊卡的
死因一直眾說紛紜，但根據曝光的資料，萊卡是因
太空艙過熱而中暑死亡。

014 複製犬

擲一百萬重新複製，孕育一隻你的愛犬。

　　從一九九七年第一隻複製羊「桃莉」成功培育後，人們開始相信自己可以代替上帝的角色，複製一隻自己的愛寵，再也不需要生離死別，寵物只是短暫的睡著，在細胞尚未死去之時，抽取皮下組織 DNA 培養，就能重新見到心愛的寵物。史納比（Snuppy）就是第一隻成功複製的阿富汗獵犬，由韓國首爾大學的黃禹錫教授所帶領的一隊科學家所製造，這個團隊排除萬難，成功孕育出一隻活生生的複製狗。

　　然而這項複製狗實驗至今仍然備受質疑，他們是如何成功複製狗狗的呢？由於狗狗在排卵時卵子尚未成熟，科學家趁排卵期時收集足夠研究的卵子數量，並去除卵子細胞的細胞核，將從寵物身上提取的細胞樣本植入，重建複製胚胎，再將一千零九十五個胚胎放進一百二十三隻狗媽媽肚子裡，實驗過程中只有三個胚胎受孕成功，接著一個胚胎流產、一個在出生後得了肺炎夭折，只有史納比挺過了三個月，這其實也是一種物競天擇的過程，雖然是人為的操作，但能否成功存活還是得倚賴上天的恩賜。

　　二〇一二年北京的希諾谷生技公司也成功複製了狗狗龍龍和貓咪大蒜，二〇一九年也有警犬複製成功，中國大陸的貓狗複製技術正以商業模式進行，他們也提供基因檢測、基因編輯等服務項目，這些願意接受複製貓狗的受眾趨於年輕化，年成長的幅度高達百分之二十之多，由此可知人與寵物的情緣可媲美血緣，願意以一隻約台幣一百萬不等的費用換回心愛的貓狗回來。

　　現今有名的複製寵物公司有三間：二〇〇二年成立的美國公司 ViaGen Pets，二〇〇六年成立的韓國公司 Sooam Biotech Research Foundation（簡稱 Sooam），以及二〇一二年成立的中國北京希諾谷生物科技有限公司（簡稱希諾谷），但是由於這項基因技術需要大量代理受孕的狗媽媽們，在道德方面還是讓人卻步。

第一隻複製犬的品種為阿富汗獵犬。

犬界消息

雖然複製犬與愛犬擁有同樣的基因，相似度極高，
但與主人共同經歷的事物不同、生長環境不同，個
性並不能由實驗室一起複製。

015 布朗狗事件

沒有麻醉的實驗，受盡苦楚的一生，卻成為英國完善動保法的英雄。

　　這是一個關於動物實驗的悲傷例子，英國一隻不知名的棕色獵犬成為大學活體實驗的對象，不僅未被施以麻醉，甚至反覆進行多次手術，這起事件引起極大的社會輿論，反對動物實驗的民眾以長達七年的示威活動來表達對此的不滿，此事件後來被稱為「布朗狗」事件（Brown Dog affair）。

　　動物實驗事件始於一九〇二年十二月，倫敦大學用一隻棕色的獵犬進行解剖實驗，據說是在沒有施以麻醉的情況下進行。一九〇三年二月，在一堂醫學解剖實驗中，首先是切開狗狗的背部，進行第一次的實驗，之後交由第二位學生在頸部刺出一個新傷口，以電擊刺激露出的神經來證明唾液與壓力的關係，但實驗失敗。這隻悲慘的狗狗最後由第三名學生以刀刺下心臟而亡，終於結束牠痛苦的一生，在此之前，牠已經經歷過兩個月的解剖實驗。

　　有兩位瑞典女學生，因為聽聞倫敦大學有進行活體解剖的風聲而入學蒐證，並將研究人員的殘酷行徑一一記載在日記中，於一九〇三年出版了《科學的混亂：摘錄自兩位生物生理學生的日記》，此書一出立刻震驚社會，甚至連美國文豪馬克・吐溫都聽說此事，並發表一篇以實驗犬的視角編成的小說來表達反對活體解剖的立場。英國法院也針對這起事件進行過審判，但陪審團的結論是偏向科學凌駕於道德。一九〇六年，反對活體動物實驗陣營發起了立棕狗銅像計劃，於是一座棕狗銅像就豎立在巴特西的拉奇米爾廣場，碑文寫著：「紀念一九〇三年死於倫敦大學實驗室的棕色獵犬。牠活著的時候經歷了兩個多月的解剖實驗，從一個活體解剖者移交到另一個活體解剖者，直到死亡。同時紀念在一九〇二年於同個地方遭解剖的兩百三十二條狗狗。英國的男男女女啊，這樣的事件還要存在多久？」而這個雕像立刻引起倫敦教學醫院的醫學生以及其他獸醫學生的不滿，他們認為這件事是對科學的背叛，甚至是對他們的侮蔑，更是婦人之仁的懦弱表現，於是帶頭對雕像做出多起的破壞與攻擊行為。之後發生了幾起流血事件與臭彈攻擊事件，雕像與其代表的意義造成社會

動盪與各種對立，最後英國政府決定將雕像拆除。直到一九八五年，倫敦巴特西公園又立起了一座紀念雕像，只是後來被移動到很隱密的地方。

這次事件除了造成醫學生、獸醫學生、相關科學研究者以及女權主義者、動物保護主義者等團體人士間的對立，更意外燒到了當時多位政治人物，因而讓英國催生出各種動物保護的相關法律制度，成為走在維護動物權益先端的國家。

一九〇六年所設立的棕色獵犬雕像，但在一九一〇年因爭議過多而移除。

犬界消息

臺灣的動物保護法是在一九九八年開始施行，當時在一九九二年發生多起犬隻咬人事件，引起社會關注，讓大家開始注意流浪貓犬及相關動物的議題，隨著時間演進，近年來也陸陸續續修法，期望能讓相關法規更加完善。

畜牧業好朋友

人類特別馴養的聰明犬種，善於遵照指令對牛羊進行守衛趕集。

人類在畜牧業培育出的工作犬種類型豐富，特別是牧羊犬占大多數，包含馬瑞馬牧羊犬、喜樂蒂牧羊犬、比利時瑪連萊犬等，還有專業牧牛犬，例如柯基犬。畜牧犬是人類為了特殊工作目的所培育，所以普遍聰明、懂得遵循人類的指令，具有護衛的本性，因此也很適合轉業為守衛犬，例如德國牧羊犬。也因為這些犬種好訓練又近乎「全能」，所以大多數的知名犬種以及電影明星犬都來自畜牧犬。

提到畜牧犬，大概都離不開斷尾、短毛等特徵，一般印象總會認為，在牧場工作的犬種毛不能太長，不易於清潔，但是像英國古代牧羊犬、匈牙利牧羊犬（可蒙犬）、波利犬等犬種卻有不得不留下長毛的好理由：首先牠們的毛都有良好的防水功能，可以帶回跌落河床的小羊；其次是牠們的長毛能很好的將其隱身在羊群中，讓掠食者不敢輕舉妄動；還有，當抵禦掠食者時，可以利用厚重的毛皮擋住攻擊，不容易受傷，增加對抗敵人的機動性與防禦性，因此成為受歡迎的牧羊犬種。但是，像邊境牧羊犬雖然在美國是很受歡迎的犬種，卻也是最常見的遺棄犬種，有一說是因為邊境牧羊犬實在太聰明了，牠們喜歡盯著飼主，等待飼主的指令。因此，某些家庭在小朋友出生後，發現到這麼大的狗狗老是盯著家中小小的幼兒，心裡都會覺得毛毛的，因而決定將狗狗送養或棄養。

說到有名的畜牧犬，一定要認識主演了二十七部「默片」的德國牧羊犬「林丁丁（Rin Tin Tin）」。第一次世界大戰時，美國士兵從遭受轟炸的德軍軍犬犬舍中，將牠和一隻嚴重營養不良的狗媽媽與一窩幼犬一起救下來，後來林丁丁到好萊塢訓練，成為華納兄弟電影公司力捧的明星犬，並受到全美國的歡迎。當林丁丁過世時，全美各地的報紙都主動為牠刊登訃告，並在一九六○年，與《靈犬萊西》中的蘇格蘭牧羊犬「萊西」，分別在好萊塢星光大道留下一顆星的紀念（但萊西屬於虛構角色）。

英國古代牧羊犬。

犬界消息

牧羊犬作為最聰明的狗狗，向來深受人們喜愛，但是飼養前要先衡量好自身狀況，尤其牧羊犬需要大量活動，釋放精力，最好是要規劃基礎訓練，才能讓狗狗快樂的生活。

017 救難犬

災難現場的強力幫手，具有超強嗅覺的救難員。

救難犬也可以稱為搜救犬（search and rescue dog），需要接受嚴格的長期訓練才能進入災難現場執行專責的搜救任務，當搜救的範圍極大的時候，就需要許多的救難犬加入，靠著狗狗天生的靈敏及專業訓練的迅速反應，讓他們能成為執行任務的好幫手，尤其天然災害及意外事故造成大量的受害者時，救難犬能夠有效率的尋找確切位置，收窄搜尋的災難範圍，讓行動事半功倍。

歷史上第一隻救難犬紀錄源自九五〇年，一位居住在瑞士和義大利邊境修道院的修道士，因為看過太多人因為雪災而失去生命，於是特別訓練一隻狗狗來幫助這些山區的人，這隻不知名的狗狗成了史上第一隻救難犬。之後有人持續訓練了許多救難犬來拯救山區的登山客，三百年之間救難犬就救助多達兩千五百人。

救難犬的品種沒有一定的限制，但主要以德國牧羊犬、邊境牧羊犬、黃金獵犬及拉不拉多犬、聖伯納犬為主，這些犬種的共同特性都是情緒安定且嗅覺靈敏，和領犬人擁有絕佳的默契，能夠第一時間察覺異樣並立刻傳達給彼此。在訓練上也因為國別而有不同的訓練方式，以臺灣而言，訓練期從十個月到三年不等，光是在瓦礫中搜尋生命跡象的培訓就要花上一年的時間，這還只是一種功能的救難犬訓練而已，若要擴大搜尋的深度及廣度，成為雙功能的救難犬則需要花費三年的訓練時間，相當漫長。日常的訓練以擬真方式進行，若是真的發生災難，這些實習期間的狗狗也會到達現場執行人命搜尋累積搜救經驗。除此之外，國際間若是需要救難犬則會由聯合國派遣通過搜救犬國際任務測驗（Mission Readiness Test，簡稱 MRT）評量的認證犬去進行支援。本書還會介紹許多因危難救助建功而出名的名犬。

那為什麼搜救行動需要仰賴救難犬呢？其一是狗狗的嗅覺能力遠大於人類千萬倍，能夠準確分辨出目標氣味；其二是馴化能力，狗狗懂得確實服從人類的訓練和指示，與領犬員能彼此維持友善忠誠的關係。

在危難地點值勤的救難犬。

犬界消息

目前亞洲僅有九隻通過聯合國認證的搜救犬，其中七隻就來自臺灣。臺灣在九二一大地震後，在全球動員搜救犬幫助的過程中，發現搜救犬的重要，並在二十年間成為國際認證搜救犬的搖籃之一。

018 勇闖極地的雪橇犬

極地上的賽車手，御風前行的狗狗團隊。

　　雪橇犬是指一群經過嚴格訓練，穿著挽具拖著雪橇在雪地或冰上衝鋒陷陣的狗團隊，常用來拉貨運撬和毛皮獵人的高緣窄平底橇。廣為人知的品種包含哈士奇、阿拉斯加雪橇犬、西伯利亞雪橇犬、薩摩耶犬等，一隊的雪橇犬會由二十四到三十六隻狗狗組成，彼此成對排成一列拉動雪橇。在速度上有一定的要求，一日的距離可能自五到八十英里（八到一三〇公里），趕路的狗狗會以平均每小時二十到二十五英里狂奔四十公里，如果是更長的距離會降至每小時十英里走二十公里左右。

　　哈士奇其實是雪橇犬的統稱，牠們精力旺盛、以速度聞名，是由速度最快的雪橇犬不斷交配的品種。牠們普遍有著雙層厚皮毛，深邃的藍色大眼，最初是負責拉雪橇、參與大型捕獵活動、保護村莊，和引導馴鹿及守衛等工作。「husky」起源於北極的愛斯基摩人，其後因為英國商船的水手稱之為「Huskimos」又簡稱為「哈士奇」，可以說是北極土著民族所飼養的在地犬。近年來，哈士奇也成為熱門犬種之一，如今在都市也經常會看見哈士奇玩著類似拉雪橇的滑雪遊戲，或是在大街上帶著主人奔跑消耗體力。

　　而阿拉斯加雪橇犬（Alaskan Malamute）是最古老的雪橇犬之一，牠們的特質是耐力十足又力氣強大，在雪地上可以肩負長途運送任務，常用於雪橇旅遊和託運貨物。個性上安靜又忠誠，並透露出高雅的貴族氣質。這種犬種源自北美阿拉斯加西部，屬於愛斯基摩人伊努伊特族的馬拉謬特的部落，阿拉斯加雪橇犬有兩層毛，下層的毛又厚又亮，厚度可達兩英吋，上層的相對粗糙，厚達一英吋。四肢強壯有力、耳朵較小，集中注意力時會耳朵會直直豎起。尾巴姿態豐美，有「揮動的羽毛」之美譽。

　　另一個較為稀有的品種薩摩耶犬（Samoyed），屬於狐狸犬的一種，個性溫和、耐力及適應力強，樂於服務，模樣討人喜歡而被稱作「笑臉天使」，牠們的任務除了拉雪橇也會看守馴鹿，還可以擔任極地探險隊的嗅探犬。

POSTES POSTAGE

1 CANADA

雪橇犬經過嚴格訓練，能在雪地或冰上衝鋒陷陣，
而牠們的形象也經常出現在郵票上。

犬界消息

在一九五六年，日本成立南極觀測隊，在第一次的南
極觀測隊中，除了隊員以外，還有著二十二隻薩哈林
哈士奇（又稱為樺太犬）。而在一九五八年，原先預
計交接觀測任務給下一批隊員，卻因天候不佳及船隻
受損，只來得及撤離隊員，後續計畫不得不放棄，而
僅剩的十五隻狗狗被留在南極的觀測基地，此舉也飽
受大眾批評。奇蹟的是，隔年第三次的觀測隊重啟計
畫時發現，有兩隻狗狗「太郎」及「次郎」幸運生
還，也讓當時的日本大眾深受感動。

019 雪橇救命犬

勇敢無畏的破雪而行，將孩童的未來與眾人的希望傳接下去。

　　位在紐約中央公園東側一隅，一座身著雪橇裝備並昂首遠望的狗狗銅像矗立其中，吸引許多遊客駐足留影，牠是巴爾托（Balto），一隻曾受全美關注並稱頌的西伯利亞雪橇犬，牠和牠的同伴以及二十組傑出的雪橇團隊完成了一段幾乎不可能的任務，拯救了無數寶貴性命。

　　一九二五年冬季，北美洲氣候格外嚴寒，暴雪無情侵襲阿拉斯加州各地。位在西部沿岸的諾姆鎮（Nome）卻在此時爆發了嚴重的白喉病疫情，這是奪走無數孩童性命的可怕殺手，雖然當時的醫學技術已經出現能有效對抗疾病的抗白喉血清，但不幸地，邊境小鎮諾姆，僅有一位柯提斯‧威奇醫生（Curtis Welch）留守，更沒有足夠醫治疾病的血清備品。為了搶救諾姆鎮，州政府決定立即將安克拉治市的血清庫存運往諾姆鎮，但是零下低溫凍結了當地唯一一架運輸機的引擎，為了爭取時間，州政府緊急從當地徵召了二十名雪橇好手，計畫以接力傳送的方式，從陸路將血清送達目的地。

　　儘管已經將血清以鐵路運到最靠近諾姆鎮的城市尼納納出發，兩地相距仍有約七百英里。負責載運的雪橇手及雪橇犬隊必須克服零下三十度到六十度的低溫，於狂風暴雪的惡劣天候中，在最少的休息時間內，不分晝夜奔馳在險峻的地形上，甚至有可能付出生命作為代價，因為路程穿越結冰海岸，一旁就是破裂的冰層，隨時有因視線不清摔入冰縫的危險，這是場與時間的競逐，並且不容半點失誤。最終，諾姆鎮的居民盼到了奇蹟，當救援隊伍的甘納爾‧卡森（Gunnar Kaasen）和他的領導犬巴爾托（Balto）平安抵達時，血清完好無損，救援隊成功在六天內，趕完原本需要近一個月的路程，拯救了無數性命。

　　救援團隊裡還有一隻優秀的雪橇犬「多哥（Togo）」，有七年的雪橇犬經驗，以十二歲高齡作為領導犬，帶領雪橇隊安全度過最危險的路段。在暴雪中移動是很危險的，因為暴雪會影響能見度，加上日落的早，雪橇手在很多路段根本就是近乎全盲，幸好有多哥優秀的領導及導航能力，救援隊才能順利到

達路途中的休息站，避免被凍死的危險。多哥優異的表現，讓牠被選為雪橇犬培育犬，重點保留血統，成為西伯利亞雪橇犬的重要血緣基礎。

雪橇犬巴爾托的紀念雕像，建於紐約中央公園。

犬界消息

多哥與這段故事在二〇一九年被改編成同名電影，由華特迪士尼製作，並在Disney+上首播。

店長狗

超萌又超吸客的狗店長,不來個香噴噴的烤地瓜捧場一下嗎?

在北海道札幌市清田區的一處住宅區裡,開著一家網紅必去的烤地瓜店,這裡的店長不是一般人認知的人類,而是一隻超級可愛的柴柴店長,看店的柴犬名字叫做健(KEN),牠時常將牠那略帶憂鬱的臉往桌上一放,十足的萌樣讓人忍不住向牠多買幾根地瓜。而狗店長賣地瓜的消息在網路上一下子就竄紅起來,許多人更是慕名而來,讓原本虧損的烤地瓜店一夕爆紅,可見柴柴的魅力大過真正的老闆太多。在寒冷的冬天時,柴柴店長的表情還會讓人聯想到賣火柴的小女孩,我見猶憐,但其實牠有專屬的暖爐在身邊,還有安全護欄以防燙傷,一點都不會冷到。

賣地瓜的狗店長健剛好是正值壯年的四歲年紀,主人是一位四十多歲、名叫做村山園人的善心人士,他經營一個叫做「四葉會」的組織,專門服務傷殘人士,村山園人常常烤地瓜給員工及附近老人院的長輩們享用,因為烤的口感極佳,深獲好評,於是他動起了開店的念頭,但因為小成本的地瓜請員工不符合經濟效應,於是他靈機一動,找來他的狗狗健來當店長,並以自助收營的方式開始地瓜小店的經營,並在二〇一八年十一月成立北海道第一家狗店長地瓜專賣店。有了超萌的柴柴當活招牌果然一舉成名,慕名而來的旅客絡繹不絕,買地瓜並順便和健合影成了來北海道札幌必體驗的行程。

如果要一訪這間獨特的烤地瓜店,請記得營業時間是早上十一點到下午三點,當聽見有人走近時,健就會立刻探出頭,好似在對您說:「歡迎光臨!」非常可愛,一條地瓜約兩百日元,費用請自行投入旁邊的投幣口,再去拿取前方箱子的地瓜,整個流程都是自助式的,但請別存著僥倖的心理,一旁的柴柴店長可會全程緊盯著客人是否有乖乖付款。如果覺得有趣,店裡還放著專屬的留言本,裡頭記錄著全世界各地客人們的留言,如果喜愛這位店長的服務,請別吝嗇給牠留句感謝的話吧。

柴柴店長顧店中。

犬界消息

遺憾的是，柴犬店長健在二○二一年因病過世，讓不少粉絲大感不捨，如今，這間烤地瓜店由二代柴犬店長Shu接任，而至今販賣烤地瓜及周邊商品的部分收益，也捐至動物保護組織與兒童保育團體，讓善意傳遞下去。

021 火災狗

衝進火場的小小身軀，能鑽進任何地方，向無助的人伸出援助之掌。

臘腸犬，又稱達克斯獵犬（德語：Dachshund），特徵是短腿長身體。「Dachs」意思是獾，「Hund」意思是狗，也就是獵犬，所以臘腸犬名稱由來有兩個，其一是說臘腸犬的身體跟獾一樣長長的，所以取名為獵犬；另有一說是因為獾都躲在很長的地洞中，臘腸犬是特意培育出來的獵獾犬，由於身體夠長，能鑽進獾洞裡咬住獾，獵人就能抓住臘腸犬的尾巴，連狗帶獾一起從地洞拉出來。

莫斯科以北的科斯特羅馬（Kostroma, Russia）地區，一處建築物冒起無情的熊熊大火，當地消防隊在得知消息後迅速整裝，十萬火急地趕赴救援，現場拉起水線，就在消防員們奮不顧身的進出火場同時，一隻嬌小的身影倏地出現，並穿梭其中協助消防員的救援行動。牠是博卡（Bobka），短小精悍且聰明機靈的臘腸犬，也是打火弟兄們的好幫手、好夥伴。

博卡是隻討人喜愛的傢伙，也是所有消防員的開心果，牠在十九世紀住進了科斯特羅馬的消防瞭望塔中。這棟建造於一八二七年的塔樓，位於科斯特羅馬的中心──蘇薩寧廣場（Susaninskaya Ploshchad）旁，也是當地的地標，一八二三年時由當時總督下達「像樣的瞭望塔必須很好的融入廣場風貌，做為城市的裝飾，又能在火災發生時保護每個居民安全」的原則所建造，該建築以六根巨大的廊柱為基底，仿照古典教堂風格而建成。一八三四年，沙皇尼古拉斯一世前往科斯特羅馬視察，對瞭望塔大加讚賞，塔樓也因此揚名。一八六〇年增建側翼建築提供消防隊駐守，在當地肩負起保護居民生命財產安全的重要使命。每當消防隊出任務時，博卡總是樂於隨行，彷彿自己就是消防隊裡的一份子，隱藏在那小小身軀下的牠，能夠支援各種緊急狀況，而且出勤積極從不缺席，協助火場避難救助，也曾多次即刻救援，拯救孩童脫離危險，在受災民眾眼裡，博卡是真正勇敢的打火小英雄！

科斯特羅馬的消防瞭望塔常年做為安全預警使用。如今消防單位已搬遷至

他處，原址成為了歷史、建築和藝術博物館。二〇〇六年，當地政府在蘇薩寧廣場為博卡塑造一座銅像，以紀念其無畏火場，英勇救護的事蹟，並在牠身旁放置圓形存錢罐供遊客自由樂捐，其中的善款將作為市內動物之家以及流浪動物照護基金來運用。

博卡的紀念雕像，建於莫斯科。

犬界消息

香港擁有亞洲首支及唯一的火警調查犬隊，並編列三隊支援火警調察，協助消防人員確認火場是否有助燃劑，在牠們的幫助下，可以縮短挖掘及收集餘燼所耗費的時間。

022

緝毒犬

遭毒梟懸賞的狗狗，任何毒品都逃不過牠靈敏的鼻子。

阿加塔（Agata）是一隻雌性黃色拉不拉多犬，在哥倫比亞萊蒂西亞警局擔任緝毒犬。二〇〇四年，哥倫比亞毒梟以高價一萬美元懸賞牠，讓警方不得不派出保鑣保護阿加塔和領犬員，原因是牠在毒品偵查上的卓越能力，所有的毒品氣味都逃不過牠的狗鼻子，至今已緝查到三百多公斤的古柯鹼和二十公斤的海洛因，價值超過七百萬美元，阿加塔也因為出色的緝毒能力得到表揚勳章。

阿加塔在當地是一隻緝毒明星，是警察的最佳助手，位在亞馬遜叢林深處的萊蒂西亞是古柯鹼和海洛因流向巴西和祕魯的中轉站，不少毒販潛藏其中，因此毒品交易猖獗，但是當阿加塔加入了緝毒行列後，牠成了毒梟的眼中釘，哥倫比亞毒梟受不了自己的貨多次被搜查到損失慘重，還祭出了懸賞令，使緝毒犬阿加塔生命受到威脅，於是阿加塔和牠的照顧者受到哥倫比亞萊蒂西亞警局的嚴密保護，他們不僅會餐餐檢查阿加塔的飼料，還會嚴加監控接觸牠的人。

為何阿加塔能成為如此出色的緝毒犬，甚至厲害到毒梟都要懸賞牠？因為阿加塔受過專業的嗅聞毒品訓練，經常往返於國際機場和亞馬遜河沿線交通的碼頭，同時有七百隻的狗狗也接受過相同的訓練，但阿加塔出類拔萃。阿加塔的領犬員說，阿加塔總是精力充沛，在機場行李箱尋找毒品對牠來說是一種遊戲，找到了玩具的牠會相當開心，並表現出很有成就感的樣子。

而緝毒犬與領犬員之間必須培養絕佳默契才能在發現毒品時立即反映，當情況混亂及危險時刻來臨，若是照顧者沒有給予緝毒犬相當程度的安全感及關愛，有可能會失敗，因此平常的訓練重心是在互信上，出勤時一定都是由領犬員梳洗犬隻、整理儀容和檢查緝毒犬的身體狀態才開始一天的偵查工作，接著就準備駕駛犬車到機場、倉儲、郵局或碼頭執勤。

為避免遭到暗殺，阿加塔的照片受到管控。照片為機場執勤中的緝毒犬。

犬界消息

臺灣的海關緝毒犬在二〇〇〇年成立，並在二〇〇七年與澳洲簽署瞭解備忘錄，引進澳洲的制度訓練狗狗；目前緝毒犬大多為拉不拉多犬，幼犬會徵求寄養家庭的協助，未來則在關務署緝毒犬培育中心裡進行訓練，期待能成為獨當一面的執勤狗狗。

023

導盲犬

帶著主人徒步萬里，具有標準導引及野外導引雙模式功能的狗狗。

　　導盲犬是訓練來「協助」盲人朋友到達目的地，而非「直接」帶領盲人朋友到達目的地的工作犬種。一般會選擇性格溫馴、穩定，且定向行走能力優秀的犬種進行訓練。導盲犬在工作時會配戴上特製的導盲鞍，當我們看到配戴導盲鞍的狗狗時，就代表牠正在工作，不能隨便去逗弄牠，要做到四不一問（不餵食、不撫摸、不呼叫、不拒絕導盲犬出入公共場所、主動詢問）。但只要狗狗卸下導盲鞍，就會恢復愛玩的天性，這時就可以跟牠互動玩耍了。

　　特雷弗・托馬斯（Trevor Thomas）原本有機會成為海軍的總檢察長，卻在三十六歲時，被診斷出患有罕見的自身免疫性疾病，並在八個月後雙眼失明。突如其來的噩耗並未讓托馬斯喪志，反而讓他開啟了長距離的徒步旅行挑戰。二〇〇八年，托馬斯踏上美國東部著名的徒步路徑，即全長兩千一百七十五英里的阿巴拉契亞小徑，徒步縱走跨越美國十四個州，難度中等偏上，並在摔倒超過三千次與幾次小骨折後，成為史上第一位完成縱走的盲人，證明盲人也可以成為徒步旅行家，享受長距離徒步旅行的樂趣。

　　為了能夠持續累積更多的徒步旅行經驗，他開始聯繫美國各地的導盲犬組織，終於在二〇一二年遇見能夠陪他應對極端徒步旅行，並幫助他在崎嶇地形中前行的導盲犬坦尼爾（Tennille）。坦尼爾是一隻相當活潑的黑色拉不拉多犬，和托馬斯相遇的時候才兩歲，一直陪伴他到二〇一八年才退休。一人一狗共同累積了一萬多英里的徒步旅行，攀登過五座超過一萬四千英尺的山峰。坦尼爾是一隻不僅能完成標準導引，也能進行野外導引工作的雙模式導盲犬，據說至今還沒有其他導盲犬能像坦尼爾做得如此出色。隨著坦尼爾的光榮退休，現在托馬斯正訓練他的新夥伴，持續展開他們的徒步冒險。

　　而臺灣第一隻導盲犬「Aggie」，是由國內最早取得合格執照的導盲犬培訓單位「財團法人惠光導盲犬教育基金會」與日本共同合作培訓，同時也是第一隻完全由國人自行培育出的導盲犬「Owen」的培訓單位。

拉不拉多犬是適合擔任導盲犬的犬種之一。

犬界消息

最為人所知的導盲犬故事，肯定少不了《再見了，可魯》，當時甚至引發一陣拉不拉多犬飼養熱潮，但隨著熱度減退，隨之而來的就是棄養潮，如果真的要養狗狗，千萬別仰賴一時的衝動，造成一個生命的遺憾。

024 海軍犬

提振並鼓舞軍中的士氣，是軍隊中最受歡迎的吉祥物。

巴姆斯（Bamse）是一隻身型高大壯碩，個性卻相對溫和並且容易親近人的聖伯納犬。從小生長在挪威最北端的馬格爾島（Mageroy）上，牠和飼主——埃林・哈夫托（Erling Hafto）一家六口居住於島上的洪寧斯沃格（Honningsvag）小鎮，作為寵物以及孩子們的大玩伴，巴姆斯備受全家人的呵護與喜愛。

當第二次世界大戰爆發，哈夫托受到挪威皇家海軍徵召，成為一艘沿海巡航艦的指揮官，而忠心的巴姆斯也追隨牠的主人一同登上了船出海。起初巴姆斯對於船員們來說是個特殊的存在，但牠向眾人展現出無比的勇氣以及盡忠職守的態度，深獲大夥們的喜愛，很快便接納了牠，良好的表現甚至得到軍隊的青睞，於是在一九四〇年正式將牠收編為挪威皇家海軍的一員。不久之後，巴姆斯便成為了軍隊中最受歡迎的吉祥物，成為代表挪威人民自由的象徵。每當船艦執行任務時，巴姆斯總是能夠提振海兵們的士氣，牠會主動站上船首瞭望敵方，隨時保持警戒狀態，而船員們為了顧及牠的安全，特別量身訂製一頂專用的頭盔給牠戴上。巴姆斯天生擁有不輸給成年人的體格，而且力大無窮，聰明機伶的牠也很懂得察言觀色，每當船員間發生爭執，緊張的氣氛一觸即發，牠便會出面嚇阻，並用巨大的前掌按住雙方以平息紛爭。巴姆斯曾經在一次持刀襲擊的事件中，勇敢地挺身而出，成功保護了尼爾森上尉的性命，並將歹徒推落下海，為牠的英勇事蹟再添一筆。每當船艦停泊港灣待命時，巴姆斯會與前往當地酒吧的船員們同行，偶爾牠也會與夥伴們小酌幾杯，甚至漸漸養成了喝啤酒的嗜好。而牠在酒吧裡還有另外一項任務，就是負責將喝得爛醉如泥的船員們平安護送返港。

一九四四年七月，巴姆斯因為心臟衰竭而於蒙羅斯（Montrose）一處碼頭旁溘然長逝，牠的死訊讓挪威人民舉國哀悼，對於哈夫托及其海軍同袍來說尤其難過不捨。戰後，挪威皇家海軍特別為其舉行隆重的葬禮，並授予挪

威狗勳章（Norwegian Order of Dogs）及勇敢動物金牌勳章（PDSA Gold Medal）以表紀念。巴姆斯傳奇的一生被收錄在《海狗巴姆斯（Sea Dog Bamse）》書中，而該書作者安德魯‧奧爾（Andrew Orr）還為牠創建臉書專頁（Sea Dog Bamse - WWII Canine Hero）以宣傳這隻非凡的聖伯納犬大兵的故事。

巴姆斯的紀念雕像，建於蘇格蘭蒙羅斯鎮。

犬界消息

聖伯納犬被譽為瑞士國犬，早年肩負著山地救援與搬送貨物的任務，更有一隻名為巴利的聖伯納犬拯救了40多人的姓名，之後甚至以此為名，設立「聖伯納之家－巴利基金會」。

美國海軍陸戰隊的吉祥物

擁有官階的狗，是軍隊的吉祥物也是開心果。

美國海軍陸戰隊（United States Marine Corps-USMC），是隸屬美國海軍部的一支兩棲突擊作戰部隊，其主要職責是利用美國海軍的艦船，快速至各地執行戰鬥任務，可說是一支能單獨進行各種訓練及作戰任務的軍種。而能代表這批英勇善戰部隊的吉祥物就非鬥牛犬莫屬，一九二二年海軍陸戰隊的第一隻狗夥伴吉格斯（Jiggs）成了之後海軍鬥牛犬的始祖，體型雖小但卻強健有力，個性堅韌開朗且勇敢，是軍中的開心果，也是激勵士氣的重要角色。

這個鬥牛犬傳說，起源於第一次世界大戰時期，美軍以慓悍的攻勢一舉大勝德軍，消滅了敵軍在森林中安置的一百多座大砲，被德軍戲稱為「Teufel-hunden」，意為「該死的狗」，因此德國媒體常以「Teufel-hunden」來形容美國海軍陸戰隊，這個詞在德國巴伐利亞民間傳說中是兇猛高山犬的意思，以英文直譯就是「Devil dog」惡魔犬之意。其後美國海軍陸戰隊的徵兵宣傳海報也以一隻帶著鋼盔的鬥牛犬追趕德國軍犬的意象，海報上還寫著「DEVIL DOG RECRUITING STATION」，代表鬥牛犬的威猛勇敢，久而久之，鬥牛犬變成了海軍陸戰隊的象徵，也是軍中的重要夥伴之一。

不僅僅是海報上的意象，一九二二年海軍陸戰隊終於迎來一位真正的夥伴，一隻名為吉格斯（Jiggs）的鬥牛犬，一九五七年之後這個軍中吉祥物更有自己的姓氏，海軍陸戰隊以猛將路易斯‧切斯特‧普勒（Lewis Burwell "Chesty" Puller）為之命名，從切斯特一世（Chesty I）到切斯特十五世（Chesty XVI），至今已有十六位切斯特曾在海軍陸戰隊服役。在美國海軍陸戰隊軍銜分三類：軍官軍銜、士兵軍銜和準尉軍銜，而鬥牛犬切斯特則是準下士，級別在上等兵之上、下士之下，擁有自己軍銜的牠，已成為如假包換的海軍陸戰隊一員，相當神氣！

美國國旗與海軍陸戰隊惡魔犬象徵的旗幟一同隨風飄揚。

犬界消息

門牛犬除了是美國海軍陸戰隊的吉祥物以外，向來也是英國的象徵，代表著勇敢堅毅的精神。特別的是，目前的英國門牛犬其實是古英國門牛犬與巴哥犬混交所誕生的，而古英國門牛犬因門牛、門雞等活動的消失而逐漸滅絕。

026 警衛犬

在深夜與美洲豹奮勇搏鬥，拯救警衛與居民，解除動物園危機。

　　加比（Gabi）是一九八〇年代貝爾格萊德動物園收養的德國牧羊犬，因為與脫逃的美洲豹英勇搏鬥，拯救人類並制止美洲豹逃脫，解除動物園的危機而出名，是相當稱職的警衛犬。

　　加比來到動物園才八歲，雖然不是正式的保安，但加比的專業不容質疑。一九八七年六月二十二日，發生意外的那天晚上，加比和動物園的警衛斯塔尼奇（Stanimir Stanic'）及一隻雄性德國牧羊犬進行例行性巡邏，當他們靠近動物園的美洲豹區時，聽覺以及夜間視覺都不如其他動物的人類警衛斯塔尼奇，並沒有發現偷跑出來的美洲豹，但加比卻在黑暗中嗅到一股異常的威脅感，牠很快就發現那隻美洲豹並立即跳到牠身上，當加比盡最大努力阻止這隻瘋狂的動物時，另一隻德國牧羊犬夥伴早就嚇到不見蹤影，只留下加比和這隻大貓搏鬥。但加比也因此為斯塔尼奇爭取到求救的機會，讓斯塔尼奇能在黃金時間內聯絡警察，可惜的是，警方到場也無法制服美洲豹，為了民眾安全只好開槍射殺。此時和這隻大貓英勇戰鬥後的加比已經傷重命危，被急忙送至貝爾格萊德大學獸醫學院接受手術，幸好沒過多久就順利恢復健康，也回到動物園繼續牠的警衛犬工作。

　　事後園方整理整起混戰的經過，了解到正是加比將美洲豹阻擋在動物園內，讓警察有足夠的時間到達並幫助處理情況，才順利阻止了美洲豹的逃離計畫，成功避免其他人和寵物遭受攻擊。後來，動物園還為加比立了一座紀念碑，碑文是：「狗狗加比，牠的心比美洲豹還強大」。

　　德國牧羊犬天生就是守衛犬中的翹楚，對主人忠誠、勇敢，充滿自信，站立時威風凜凜，奔跑時動作敏捷，具有狼一般的特徵，經常採取比較直接的行動。經過良好訓練，甚至會變得溫和自信，機警過人，而且聰明聽話。牠們適合動態的工作環境，因此時常被賦予各種任務，例如警用犬、護衛犬、救難犬和軍犬，也相當適合做導盲犬的工作。

在世界各地執行警衛任務的德國牧羊犬。

犬界消息

狗狗通常利用氣味標註牠的領地，所以經常在固定的地方大小便，留下註記，有些小狗或幼犬害怕侵犯到大狗的領地，甚至會不敢上廁所喔！

027 捕鼠犬

優秀捕鼠英雄團隊，二十分鐘解決八十五隻老鼠，結束這一回合。

你一定聽過俚語「狗拿耗子——多管閒事」，但你可能不知道，在貓馴化之前，各國確實有不少讓狗捉老鼠的紀錄存在，當然，更有不少因為捉老鼠而出名的狗狗。布默（Bummer）和拉撒路（Lazarus）是兩隻出沒在美國加利福尼亞州舊金山的流浪狗，但牠們不只是流浪狗，更是當時有名的捕鼠英雄，因此成為家喻戶曉的狗明星。那個年代的舊金山和美國其他城市一樣，到處充斥著流浪狗問題，許多狗不是被困住就是被殺害，而布默和拉撒路在捕鼠方面的出類拔萃替牠們免於一死，流浪事蹟也被畫成漫畫《三個無賴》出版。

其實當年布默獨自在舊金山流浪，牠是一隻黑白相間的紐芬蘭犬，一八六〇年在弗雷德里克・馬丁的酒吧外一舉殺死了許多隻老鼠，從此建立了在地的地位，牠跟隨路人或和酒館、蒙哥馬利街區的店家及顧客乞討剩菜剩飯，日子過得還算自由自在。某日，牠從一場與惡犬的戰鬥中救出了奄奄一息的拉撒路，布默將牠帶回自己的窩，並哄牠吃飯、蜷縮在牠身邊為牠取暖，拉撒路很快就康復了，從此街道上多了一隻和布默作伴的狗，拉撒路也是天生的捕鼠好手，兩隻狗搭配起來戰無不勝，牠們是一個優秀的團隊，最好的成績是在二十分鐘內解決八十五隻老鼠。

這場勝利也為牠們帶來極大的名聲，剛好弗雷德里克・馬丁的酒吧是記者經常駐足的場所，也是布默和拉撒路常出沒的地方，就這樣兩隻狗的功績被詳實的記錄在每日阿爾塔加利福尼亞的晨報和晚報上，大家爭相報導這對難兄難弟，有的編輯甚至將布默形容成一個倒霉的紳士，但仍然忠誠和盡責；而拉撒路則是一個狡猾自私的好友。

一八六二年某天，拉撒路被一個新的捕狗者帶走時，市民為牠請願，請求讓這對捕鼠英雄成為城市財產，並宣布拉撒路和布默可以不受城市反流浪者法令的約束，任何人都不可隨意捕捉及濫殺。從此牠們大搖大擺的在城市裡為市民捕鼠，但有時還是會在街上跟惡犬打鬥、對馬車吠叫或跑到商店大鬧一番，就算是這樣還是擁有全市民的寵愛。

在貓被馴化前，捕捉老鼠的工作主要由狗狗代勞，
現在還有許多地方使用捕鼠犬。

犬界消息

英國捕鼠組織「Suffolk and Norfolk rat pack」
專門訓練擅長捕鼠的諾福克㹴犬，最高紀錄在七小
時，由八隻諾福克㹴犬抓了七三〇隻老鼠。而臺南
市的動物之家，也特別請專人訓練流浪犬，讓這些
浪浪們學習一技之長，成為專業的「捕鼠犬」。

028 狗醫生

不說話也可以治癒疾病的醫術。

狗醫生也可以稱做治療犬或是安慰犬，可以提供人們安慰和支持，通常會安置在醫院、養老院、療養院、學校、圖書館、收容所或災區等地方。這類的狗醫生被訓練來與各式各樣的人相處，能夠很快地突破病友心房，並且成為治癒疾病的好幫手。

在一八○○年代後期弗洛倫斯‧南丁格爾（Florence Nightingale）就發現小型寵物能讓精神病院的病人減少焦慮，對促使病情好轉有很大的幫助。一九三○年西格蒙德‧弗洛伊德（Sigmund Freud）也曾利用自己的寵物來改善與精神疾病患者之間的交流。一直到近期，一位護士伊萊恩‧史密斯（Elaine Smith）也發現治療犬確實能對醫院病患提供巨大的幫助，說是名符其實的狗醫生也不為過，於是伊萊恩‧史密斯在一九七六年以此為初衷成立了第一個治療犬組織。

世界上首隻治療犬斯默克（Smoky）是一隻於第二次世界大戰中服役及成名的約克夏犬，牠以特殊的絕活帶給戰場的傷兵歡樂，一九四四年還獲得軍隊周刊《Yank》冠以「西南太平洋區的冠軍吉祥物」的頭銜。而世界知名醫療機構梅奧診所（Mayo Clinic），也會安排治療犬為病患帶來安慰與快樂，像是才兩歲的治療犬莉莉（Lily）常與義工查理（Charlie）一起帶給患者歡笑，他們走訪深切治療部與臨終關懷病房，有時也會走進親屬等候室給予無聲的關懷，莉莉在醫院成了重要的角色。

為了成為貨真價實的治療犬，這些狗狗需要獲得國家組織（例如 The Alliance of Therapy Dogs）的認證，認證過程包含訓練狗狗保持冷靜並與陌生人相處，能夠適應大聲的噪音和擁有快速敏捷的動作，對突如其來的聲響不會受到驚嚇，對拿手杖和坐輪椅及走路不方便的人不會感到畏懼，而擔任治療犬的常見品種包括黃金獵犬和拉不拉多犬。

狗醫生是治癒疾病的好幫手。

犬界消息

臺灣對狗醫生及治療犬的培訓，大部分都由臺灣動物輔助治療專業發展協會及臺灣狗醫生協會舉行，但目前臺灣沒有相關專法，所以治療犬仍屬家犬範疇。

029 預警犬

會分辨敵我飛機，預測敵軍來襲的狗。

　　槍手（Gunner）是一隻聽力靈敏，還能分辨敵軍和盟軍飛機引擎不同的軍中夥伴，當時聯隊指揮官蒂奇・麥克法蘭（Tich McFarlane）甚至批准只要看到槍手表現出敵軍來襲時的警告狀態，就可以利用簡易的警報器發布空襲警報，這個小傢伙從來都沒有失誤過，可以在敵軍來襲前準確告知，讓大家有長達二十分鐘的時間進行佈署和疏散。

　　槍手是一隻雄性凱爾比犬，在二次世界大戰期間被澳大利亞皇家空軍（RAAF）所拾獲，當時牠只有六個月大，身受重傷的牠被送至一家野戰醫院，當時的醫務官不能為沒有身分的人或動物進行治療，情急之下槍手被冠上「Gunner」之名，號碼是「0000」後，受到妥善的治療，也正式成為澳大利亞皇家空軍的一份子。第一位找到牠的軍人珀西・韋斯科特（Percy Westcott）成了牠的新主人。

　　一週之後槍手開始展現牠過人的聽力，當澳大利亞皇家空軍人員在機場進行日常工作時，槍手變得焦躁不安，開始嗚嗚叫著跳起來。不久之後，飛行員們聽到了日本飛機引擎靠近的聲音。幾分鐘後，一隊日本襲擊者出現在達爾文市上空，開始轟炸和掃射該地。接著過了兩天，槍手又開始焦躁不安，又叫又跳，果不其然，日軍又來轟炸。槍手一次又一次成功發出警告的嗚嗚聲，並讓大家能在敵軍來襲前二十分鐘盡快疏散並以基本雷達系統通知所有的隊友應戰。

　　槍手不僅能分辨日軍引擎，也能分辨自己人的軍機，如果聽到盟軍的飛機則不會發出警告聲。牠機智的表現深受當時聯隊指揮官蒂奇・麥克法蘭讚賞，鑑於對槍手的信任，蒂奇・麥克法蘭下令給韋斯科特，只要槍手一發出警告，可以直接發布空襲警報，足見其重要的戰略身分。

　　成為空軍一員的槍手平時就跟軍中弟兄一起生活，牠睡在主人韋斯科特的床鋪底下，也和大家一起洗澡、一同吃飯，在戶外電影拍攝時和大家坐在一起，也參與飛行員的起飛和著陸練習。

與槍手相似的凱爾比犬。

犬界消息

以前的狗狗能預警敵襲，現在的狗狗則是可以預警
糖尿病！糖尿病預警犬（Diabetes alert dog），
經過訓練，能利用嗅覺來得知人類的血糖高低，並
用動作向人類示警。

030 馬車犬

與馬兒併肩同行，保護車隊的守護犬。

馬車犬又稱為公路犬或運輸犬（Carriage dog），在移動中會與馬車保持一致速度，通常會待在馬車旁邊、後面，距離不超過一匹馬的長度，在兩百米的距離內以八字形隨伺在側，牠們必須接受嚴格的訓練，可以在盜賊出現時給予嚇阻，讓主人有時間應對，是用來保護馬車上的乘員免受盜賊干擾。沒有特定品種，這類犬隻通常為商人或是富人所擁有。

十八世紀達爾馬提亞犬成了馬車犬的熱門犬種，甚至成為馬車犬的代名詞，牠們被當作是專業的教練犬來豢養，年幼就住在馬廄裡，訓練來保護馬車上乘員與昂貴的馬匹，因此對陌生馬匹和其他騎手充滿敵意，初期為私人所用，後期也被當作護送消防車並在路上開道的開路犬。

而擁有馬車犬的數量也成為彰顯富貴與地位的依據，一般富人或是商人通常會飼養六到八隻的馬車犬，但隨著交通工具發達，不再需要馬車犬，近幾年牠們成了看守穀倉或家園的看門狗，或是一些重要場合的禮儀犬。

能成為馬車犬首選的達爾馬提亞犬就是大家所熟知的一〇一忠狗大麥町，其精力充沛，是當時維多利亞時代旅行者最信賴的馬車犬，除了標誌性的斑點外，體格好、肌肉發達，腳和腿還很強壯，且有耐力。牠們擅長和馬匹打交道，讓馬兒情緒穩定，能夠與馬匹維持一定距離並以小跑步完成長途旅程，能保護休息的馬匹和馬車，還會趕走老鼠，因此也常成為看守穀倉的獵捕犬。

「Carriage Dog Trial」比賽就是展示純種達爾馬提亞犬是否能成為馬匹和馬車夥伴的傳統賽事，參賽者作為騎手進行比賽，這是一項考驗狗狗耐力和服從性的活動，所有參賽者必須在他們的馬匹或馬車上進行基本的服從性測試，並使用他們的狗作為試驗的一部分。根據所行駛的距離（從十公里到四十公里）獲得公路或馬車犬的銅牌、銀牌或金牌稱號。

馬車犬的首選就是大家所熟知的一〇一忠狗大麥町。

犬界消息

大麥町其實在剛出生時，身上是沒有任何斑點的，隨著年紀漸長，斑點才會逐漸出現。而《一〇一忠狗》可以說是讓大麥町被大家所熟知的原因，這部一九六一年上映的迪士尼電影，深受觀眾喜愛，甚至在一九九六年推出了真人版電影。

槍犬

跟人們一起享受狩獵樂趣的狗。

在十九世紀的英國，打獵是非常流行的貴族運動，所以，跟人們一起享受狩獵樂趣的狗，就叫做 Sporting Dog，也稱為槍犬（Gun Dog）。槍犬也是一種獵鳥犬（bird dog），這些狗狗受過相當嚴格的訓練，有的是從小訓練、有的則是成犬後才開始訓練，他們透過槍聲辨明獵物的所在位置，並且幫主人拾回，是跟隨獵人或休閒人士狩獵的夥伴，最常與獵人一起狩獵鳥類。

其狩獵品種還會依功能而區分：指示犬（pointer），是用來指示獵物的方向，通常會選擇英國指標犬。蹲獵犬（setter），也是用來指示獵物的方向，通常會選擇英國蹲獵犬。激飛犬（spaniel），是用來將獵物逼出掩護地形，通常會選擇英國可卡犬。尋回犬（retriever），是專門指用來拾回獵物的犬隻，通常會選擇黃金獵犬。水獵犬（water dog）則是能在水域逼出並拾回獵物的犬隻，通常會選擇貴賓犬。

當發現獵物時，負責指示的狗狗會突然停止動作，指示犬身體會往前並站立告知主人，而蹲獵犬則是會趴下，以此告知主人獵物方位。激飛犬要比指示犬來的敏捷又準確，也離主人較近，最常用來狩獵野雞、松雞、雷鳥，他們會主動靠近獵物並讓其飛起，好讓主人一發擊中，之後便會快速拾回至主人身邊。雖然指示犬、蹲獵犬和激飛犬都會拾回獵物，但有時興奮過度或用力過猛未能將完好的獵物帶回，這時就需要咬合力較輕軟，能將獵物完好帶回的尋回犬了，他們個性通常溫馴乖巧且相當服從。

在槍犬中長毛獵犬也就是激飛犬（spaniel）佔了絕大多數，他們天資聰明、體型適中、嗅覺相當靈敏，追蹤獵物是又快又準，只要看見奄奄一息的獵物不等主人命令就會一口氣咬回來，這也是他們最大的缺點，因此狩獵場上會需要負責追蹤的指示犬、負責狩獵的激飛犬以及會溫柔拾回獵物的尋回犬，大家各司其職，就能讓狩獵遊戲充滿樂趣。

跟人們一起享受狩獵樂趣的狗稱為槍犬。

032 收球犬

專業狗球僮，咬回球棒不著痕跡。

　　自從二〇〇二年以來，洋基 2A 球隊崔頓雷霆隊（Trenton Thunder）就開始啟用狗球僮，在比賽中幫忙撿拾球棒，超萌的模樣深受廣大球迷喜愛。有一隻愛咬球棒的狗狗名叫追逐（Chase）就是第一代狗球僮，這隻聰明的黃金獵犬不僅會撿球棒，還會拿水給裁判，甚至為記者遞上麥克風，十足場邊經理的氣勢，整座球場似乎都歸牠管轄，看追逐撿球棒的架式，絕對不只是賣萌而已，是有著連真正的球員都為牠豎起大拇指的專業。

　　追逐的主人，也是球隊經理的布萊納說，黃金獵犬以前就被訓練叼回鳥禽獵物，牠們會輕輕含著不留下咬痕，因此追逐咬回的球棒一點都不會留下齒痕，牠總很盡責的在場邊觀察，在必要的時刻出場，吸引全場目光，牠也是凝聚球隊氣勢的重要夥伴，更是球隊的勝利象徵，因此在隊衣和球棒上也會看見追逐的肖像。這隻深受球迷和球隊歡迎的好命狗狗，不僅擁有自己的游泳池，還有一些陪伴牠的玩偶與玩具。照顧追逐的人曾說：「牠是一隻可愛又很乖巧的狗狗，洗澡時會自己進入浴缸，洗完後，會自己找到毛巾並等人將牠擦乾。」

　　只有牠闖進球賽而不會遭到驅趕，因為牠是有正事要做的，就是為自己的球隊撿球棒。一直到二〇一三年追逐因為淋巴瘤和關節炎而住院，在大夥為牠辦完退休派對不久後，追逐就離世了。享年十三歲，奉獻給球場十一年，幾乎整個狗生涯都待在球隊。當時許多喜愛追逐的狗迷們紛紛由各地獻花致意，也讓布萊納特別發表聲明，希望人們如果能以「追逐」的名義來捐贈善款給崔頓雷霆隊慈善機構，或當地的動物收容所，將會是更好表達思念的方式。

　　現在追逐留下了兩個兒子，「德比」繼續為崔頓雷霆隊服務，「歐力」則效力新罕布什爾州的食魚貓隊（Fisher Cats）。牠們都追隨父親的志願在球場中來回奔馳，成為第二代專業狗球僮。

除了棒球，網球、高爾夫球等場地也能看到收球犬在工作。

犬界消息

巴西網球公開賽也曾經培養狗狗來當球僮，當時咬著球不願意給選手的畫面引起話題，讓民眾大呼可愛，但其實這些狗狗都是來自當地的流浪狗，主辦單位期望透過狗球僮，讓大家注意到這群可愛又乖巧的狗狗們！

033 表演犬

人與狗的超強表演，你是我的最佳舞伴。

凱特和金（Kate and Gin）自從在二〇〇八年參與英國達人秀（Britain's Got Talent）後一舉成名，舞台上人與狗的絕佳默契超越我們所看過的狗狗馬戲團表演，這是一場人狗合一的超級舞台秀，成名之後的凱特和金陸續在許多公開場合表演，尤其啞劇的演出令人嘖嘖稱奇，之後還出版了《Kate and Gin》書籍，讓人們了解狗狗訓練的方式，二〇一一年凱特更加入了英國皇家陸軍獸醫兵團（RAVC），負責動物的訓練和護理。

在參加英國達人秀時，接受採訪的凱特曾說她和金是最好的朋友，她們相信彼此，所以很多流暢的表演動作都因默契才能完成，金一出場以雙腳站著倒退走，還不停穿梭在凱特來回走動的雙腳中，不會絆倒彼此，有時候凱特會讓金隨著她的手繞圈圈，有時候凱特則會用一根桿子讓金來個完美跳躍，她們就像一對要好的朋友盡情舞蹈著，沒有主從之分，只有沉浸在音樂中的愉悅，讓觀賞的群眾也感到驚奇與享受。當舞曲一結束，凱特拍拍手，金會立刻跳到她的雙臂上，兩人一起鞠躬感謝觀眾與評審，為表演畫下完美句點。在第一輪的比賽中她們就讓人留下深刻的印象，順利晉級，接下來幾場精彩的雙人舞也讓她們聲名大噪。

在英國達人秀之後，凱特和金往媒體事業發展，和經紀人簽約，並拍了一些電影和廣告，但一直都是凱特和金一起演出。沒多久凱特也出版了和狗狗訓練相關的書籍，凱特和金成為了名副其實的超級名人。接下來幾年凱特全心投入啞劇之中，她非常熱愛這門無聲的藝術，她與金設計各種有趣的表演動作，展現在一場場戲劇演出中，也曾出現在溫莎皇家劇院的彼得潘表演中，二〇〇九年凱特開始訓練一隻名叫冰（ice）的狗，一人兩狗的表演也陸續出現在啞劇之中。二〇一一年凱特加入了英國皇家陸軍獸醫兵團（RAVC），負責動物的訓練，而金退出表演圈，由冰接下棒子，成為另一名厲害的表演犬。

表演犬要和主人有一定的默契才能有完美的演出。

034 走秀犬

超級巨星，站上舞台的狗模特兒。

大眾對模特兒的印象是什麼呢？以人的角度來看，需要有高挑的身材、漂亮的五官、艷壓群芳的氣勢，以及專業的走秀姿態。以上這些條件若放在狗狗界，也是一樣的道理，我們經常會看見時尚名模牽著受過訓練的狗模特兒出場，那些經過訓練的狗狗擁有討喜的外貌、俊俏甜美的五官、最適當的身材比例，以及能和真人模特兒一起出場的默契，能通過以上這些考核的狗狗們，通通是未來的明日之星，也是秀場上最吸睛的走秀犬。

為了避免臨時出狀況，選擇狗模特兒的基礎分為三大項，其一是天生個性，絕對要挑選精神狀態佳、個性鎮定的狗狗；其二是平時的訓練，和搭配者在演出前有完整的訓練時間與默契培養；其三是走秀犬對主人的信賴度，主人要適時的關懷、撫摸和鼓勵，給予狗狗最堅固的心理建設，之後牠才會相信主人而和合作夥伴相處融洽，演出時才不容易怯場。相對地一但熟能生巧後，穩定性夠高的狗狗通常能成為廣告明星，還會是秀場的常客呢。

走秀犬比較常出現在國際犬展的場合，例如著名的美國西敏寺犬展。評審會針對每一個受承認的犬種進行評比，有姿態、外形、骨骼、表情、動作、步伐等評分項目，並從中選出最能符合該犬種特徵的冠軍犬。要能成為犬展的走秀犬，首要條件當然是血統純正，再來是乖巧聽話，和主人（牽犬員）的關係極為親密，因為不論是動、靜的評分項目，都有固定的姿態要求，需要牽犬員與狗狗互相緊密配合，及時應對各種突發狀況。

那麼在時尚界的走秀犬呢？國際知名的時裝公司都有自己的配合犬舍為他們提供經過訓練的走秀犬隻，專門用來配合時裝模特兒走秀或攝影來編輯產品型錄。有一對來自紐約的設計師夫婦葉娜·金（Yena Kim）和大衛·馮（Dave Fung），他們飼養一隻名叫菩提（Bodhi）的柴犬，並為牠搭配上各式時尚服裝，成為柴犬時裝模特兒，然後拍照分享在 Instagram 上，立刻造成轟動，更登上時尚雜誌《GQ》。之後各大時尚品牌爭相邀請菩提作為他們的模特兒，菩提的飼主乾脆辭去工作，專心做牠的經紀人，幫牠挑選搭配服裝與攝影。

美國西敏寺犬展。

犬界消息

美國西敏寺犬展可以說是狗狗的年度盛會，比賽分為獵犬、玩具犬、牧羊犬、㹴犬、工作犬、槍獵犬及家庭犬等七個犬組，並從中挑選一名最佳犬種。至今已經舉辦一四〇多年，歷史悠久。

035 明星犬

受到世人瘋狂喜愛，粉絲數量超過一個小國家的總人口數。

來自美國舊金山的布（Boo），在 Facebook 上擁有超過一千五百萬名粉絲，並被眾網友封為「世界上最可愛的狗」。布是一隻有著蓬鬆頭毛的博美犬，寵物美容師幫牠修出圓滾滾的頭型，加上天生討喜可愛的臉型，讓人一眼就會被牠的萌樣給吸引住目光。布的飼主艾琳（Irene Ahn）是 Facebook 的員工，她幫布申請 Facebook 粉絲專頁來分享關於布的照片與趣事，並且吸引到美國流行歌手惡女凱莎的注意，在 Twitter 上公開表示自己找到了新男友（布），一舉幫布打響知名度。

不過說到明星犬，大概不能不提到《我家也有貝多芬（Beethoven）》這部老電影。這是一部一九九二年上映的美國家庭喜劇電影，劇中主角是一隻在紐頓一家門前迷路的聖伯納幼犬，後來被紐頓家的人帶回家飼養，並幫牠取名為貝多芬。貝多芬非常聰明，在陪著紐頓家的小主人長大的時候，不但會挺身而出保護被惡霸欺負的小男主人，更在小女主人不小心掉進游泳池時救了她一命。紐頓一家除了男主人喬治以外，都很喜歡貝多芬，使得喬治覺得一家之主的地位受到忽視，所以一直無法喜歡貝多芬。後來在一次例行性的寵物疫苗接種時，紐頓夫婦認識了專門做不人道動物實驗的獸醫瓦尼克。瓦尼克正巧需要大型犬做動物實驗，所以就告訴喬治說聖伯納犬的性格非常不穩定，不適合在一般家庭飼養，甚至還利用機會製造貝多芬攻擊他的假場景，並威脅喬治要告上法院，逼得喬治只能讓瓦尼克醫師將貝多芬帶回人道處置。後來，對貝多芬的愧疚感，讓喬治回想起自己童年時的創傷，原來他的父親也曾經將家中的狗帶去人道處置，幼小的喬治一直無法原諒自己的父親，也因此造就他不親近狗的個性。想通了這點，加上喬治也不希望自己的孩子承受他經歷過的傷痛，遂開始了精采的貝多芬營救任務。

這部電影厲害的地方，除了造就了聖伯納犬成為當時炙手可熱的明星犬種外，還有一點有趣的點是，影評人幾乎都不看好這部電影，評分都很低，但電

影上映卻成為反指標，受到市場熱烈歡迎，甚至衍生了七部相關電影作品與卡通電視連續劇。據說，現在在美國隨機詢問路人聽到「貝多芬」這個名字時會想到什麼，不少人會想到聖伯納犬，可見這部片對大眾造成多大的影響。

聖伯納犬。

犬界消息

在狗明星爆紅之後，人們深受劇情感動，往往會興起養狗狗的想法，但等熱潮褪去，卻又有一波的棄養潮，可以說是狗明星效益下，大家最不期望見到的事。

影帝犬

眾望所歸的狗影帝，首位在好萊塢星光大道上留下爪印的狗狗。

烏吉（Uggie）是一隻聰明且活力充沛的傑克羅素㹴犬，從小便接受專業的表演訓練，成為一名傑出的狗演員。參與過知名電影《大象的眼淚》、《大藝術家》等作品演出，以精湛的演技擄獲觀眾和影評人的心，一舉拿下二〇一一年坎城影展的狗演員最高殊榮「金棕櫚狗狗獎（Palm Dog Award）」以及二〇一二年第一屆最佳電影狗明星獎項「金項圈獎（Golden CollarAward）」，亮眼的表現也讓烏吉成為名副其實的大明星，寫下狗狗在電影業界的新猷。

童年時的烏吉，因為頑皮而時常闖禍，不得已被送進動物收容所安置，直到遇見現任的飼主——奧馬爾・馮・穆勒（Omar Von Mueller），從此翻轉了烏吉的命運。穆勒是一名動物訓練師，早期曾經訓練過警用犬和護衛犬，現今則專門為一些名流人士以及影視產業培訓狗狗。烏吉的精力旺盛，領悟力極佳，在穆勒的專業調教下，逐漸在表演領域嶄露頭角，之後便帶著牠參加多次試鏡，也拍攝過商業廣告，並在多部電影當中客串演出。二〇一一年的法國黑白愛情默劇《大藝術家》電影中，烏吉飾演寵物狗傑克，在影片裡牠和男主角之間發生的有趣互動，以及大火中護主心切的勇敢行動，展現自然而流暢的演技，使得烏吉開始受到大眾媒體的熱烈關注。在第八十四屆奧斯卡頒獎典禮上，《大藝術家》入圍多項提名，最終囊括五座奧斯卡金像獎，成為了當年度的最大贏家！主辦單位更收到眾多連署，希望能打破先例，為烏吉爭取到小金人獎座。

紅毯典禮上，烏吉配戴著專屬項圈粉墨亮相，盛裝打扮的牠成為了全場最萌焦點！這副由精品名牌「蕭邦」（Chopard）為其量身訂製的項圈，採用18K黃金搭配緞緞手工訂製而成，完美襯托出人氣狗狗的巨星丰采。

儘管烏吉的星途不可限量，但卻在此時診斷出患有「搖擺狗候群」，無法再從事長時間的拍攝工作，穆勒便決定讓牠從電影界提早退休。然而，山不轉路轉，退而不休的烏吉，因緣際會之下收到了任天堂（Nintendo）的邀約，擔任旗下的第一隻代言犬，為遊戲產品拍攝廣告短片，在影片中繼續展現牠可愛的一面。

烏吉從小便接受專業的表演訓練，是一名傑出的狗演員。

犬界消息

遺憾的是，烏吉在二〇一五年深受腫瘤所苦，主人在掙扎之下，最終決定讓烏吉接受安樂死，擺脫病痛，走上彩虹橋。

037 演員狗

帥氣小巴哥犬，打擊外星人的星際戰犬。

還記得《MIB 星際戰警》電影中那隻帥氣的小巴哥犬法蘭克嗎？跟隨主角 Agent J 一起打擊外星怪物，片中與威爾‧史密斯之間的逗趣對話製造不少笑料，讓人對這部片更加喜愛。

法蘭克是《MIB 星際戰警》中的一個虛構角色，首次出現在一九九七年的電影裡，因為很有觀眾緣，隨後在二〇〇二的續集也出演了重要角色，接著在二〇一九年的動畫系列和電玩遊戲《MIB：異形危機》中也都可以看見可愛的法蘭克。在電影中，法蘭克的外表是一隻普通的巴哥犬，但實際上是一個偽裝的外星人（Remoolian）。法蘭克和 J 第一次相遇是在一個窄小的電話亭裡，J 來這裡等待一個偽裝的外星人，當法蘭克開口說：「如果你想的話，你可以吻我毛茸茸的小屁股」，這讓 J 驚訝不已，原來偽裝的外星人警探就是這隻巴哥犬法蘭克，牠是 MIB 的線人，法蘭克透露，銀河系在地球上，是一個巨大的能量源，如果他們的敵人蟲蟲找到它，就有可能消滅阿奎利亞人。

這個法蘭克角色獲得影迷極大的迴響與喜愛，連導演都對牠天生的演員細胞著迷，因此牠在第二集續集中擔任了重要角色，牠成為 MIB 總部的正式員工，穿著 MIB 制服並被稱作 Agent F，與 J 一起成為搭檔。

這隻專門抓外星人的星際戰警，品種是擁有水汪汪大凸眼及憂鬱眼神的巴哥犬，牠產於西藏，十七世紀由荷蘭傳至歐洲，成為貴族間的萌寵，後來在英國培育改良成為現在的品種。主要特徵是又大又圓的頭，眼睛上方的黑色毛髮有皺褶，身材短小健壯，胸部寬闊。個性活潑開朗又愛跟人玩，但有點散漫懶惰。可愛的牠們因為遺傳而有一些先天的疾病，如皺褶容易產生皮膚病、鼻孔窄容易呼吸困難、睫毛倒插眼瞼容易造成淚管阻塞，但只要妥善照顧就能減少這些疾病的發生，並在與牠的相處中，深陷牠的魅力而無法自拔。

在電影《MIB星際戰警》飾演法蘭克的巴哥犬。

犬界消息

演員狗狗們的最大殊榮，大概就是爭取「金棕櫚
狗狗獎（Palm Dog Award）」以及「金項圈獎
（Golden CollarAward）」，其中，金棕櫚狗狗
獎從2001年開始舉辦，可以說是法國坎城影展的會
外賽，獲獎的狗狗可以拿到寫有「PALM DOG」的
皮革項圈，可以說是演員狗狗們的最高榮耀。

038 寵物當家雅春

狗狗吃播節目，跟著旅犬吃喝玩樂。

大家還記得紅極一時的電視節目《寵物當家之旅》嗎？由喜劇演員松本秀樹帶著旅犬，到各個地方尋找寵物並體驗風俗民情，此節目總共歷經三代旅犬：「雅夫」、「大介」和「雅春」，第三代雅春與第一代雅夫有血緣關係，因此當松本在徵選第三代旅犬時，就和雅春一見如故，而雅春也是唯一舔了松本臉頰的狗，似乎是牠選擇了松本才對！幼犬雅春被松本當家人般對待，即使現在節目已停播，雅春依然和松本生活在一起 ，是家裡重要的一份子。

說起這個具有響噹噹名氣的旅犬節目《寵物當家之旅》，松本和旅犬會隨意在街上漫步，一聽到有動物聲音的家就會去敲門，並請飼主介紹他的寵物。若是寵物有厲害的技巧，例如將食物放在眼前，等到主人命令才可以吃，或是坐下、翻滾、轉圈圈等，松本會請旅犬也示範一次。第一代旅犬雅夫最貪吃，觀眾常被牠呆萌的樣子逗笑，人緣也最好，是一隻黑色拉不拉多犬。第二代旅犬大介則是雅夫的兒子，和雅夫長得一模一樣，同樣深受喜愛，兩隻都是人氣犬。不過由於工作上的消耗和長期旅行的關係，狗狗們經常飲食不定而導致暴飲暴食及消化不良，本來平均壽命十到十五歲的拉不拉多犬，但雅夫跟大介都只活到短短七歲就驟逝，令人相當不捨與難過。而擔任第三代旅犬的雅春，才五個月大就出演了東京電視台新節目《ポチたまペットの旅》，開始走訪東京的台場跟豐洲一帶，以及東京都近郊。

在節目上一面要滿足粉絲對旅犬的期望，一面要時刻注意愛犬的情緒，松本可以說處理得面面俱到。而身為旅犬主人的松本，原來是一個喜劇演員，據說小時候的他有點自閉，是和狗狗相處之後才打開心防，為了這個節目他特別鑽研動物行為並一口氣考取四個相關證照，讓自己能對得起觀眾，也能善盡照顧旅犬們的責任，這也讓他從業餘愛好者蛻變為一級行家，還不遺餘力的推廣「瞭解狗行為」的重要性。

拉不拉多犬、黃金獵犬等犬種一直是有名的陪伴犬與旅行犬。

犬界消息

日本除了《寵物當家之旅》以外，還曾經有一個熱
門節目《狗狗猩猩大冒險》，這是《天才！志村動
物園》中的一個單元，節目中由黑猩猩小龐跟鬥牛
犬詹姆士一起完成馴獸師交辦的任務，過程有趣詼
諧，深受觀眾喜愛。

039 會說話的狗

風靡全美，會說德語的狗。

　　二十世紀初，一隻名叫唐（Don）並說著德語的狗狗風靡了全美，這隻會說話的狗在主人埃伯斯用餐時，明確地回覆了主人的問題，當主人問他「Willst du wohl was haben?」（「你想要什麼，不是嗎？」），唐明確表達了「haben」（想要）。據說牠能夠講出八個德語的語詞，包括 haben（有）、Kuchen（蛋糕）、Hunger（飢餓）和自己的名字，此外，還有 ja（是）、nein（否）和 Ruhe（安靜或休息）以及牠的主人和主人未婚夫的名字。

　　在十八到十九世紀時期，動物雜耍的表演在美國很受歡迎。一位動物表演者威利・哈默斯坦（Willie Hammerstein）看見唐的天賦，邀請唐和牠的主人來美國表演，並以高價五萬美元，相當於現今一百二十五萬美元的代價為牠投保。到達美國後，當地新聞媒體蜂擁而至，唐卻因為暈船而無法與人交談，紐約報紙《世界晚報》也報導過這段新聞。據說前往倫敦時同樣以船為交通工具，唐一樣因為暈船而無法接受採訪。唐在紐約及倫敦進行一連串的曝光表演，最著名的演出是在紐約市第四十二街的屋頂花園劇院和逃脫大師胡迪尼一同表演。由於當時移居美國的德國人眾多，因此聽到這隻會說家鄉話的特技狗備感親切，觀賞表演的群眾也都會以德語問候唐，好似彼此寒暄一般。

　　除了會說話的狗，還有一種尚未被正式承認的犬隻品種可以特別提出來介紹，就是「新幾內亞歌唱犬（Canis lupus hallstromi）」，顧名思義就是會唱歌的犬種，不過並不是指牠們能唱出優美旋律。新幾內亞歌唱犬是很古老的犬種，一度被認為已經滅絕，這種犬種的嚎叫聲很特別，類似人類的約德爾唱法，甚至還有顫音。有趣的是，牠們不只會「獨唱」，還能「合唱」，當一群新幾內亞歌唱犬一起嚎叫時，牠們會自行調整音高，發出同步且具有特色性的嚎叫聲。

與唐相似的德國牧羊犬。

犬界消息

　　來一首狗狗聽的歌！二〇二〇年各家影音平台出現了一首「汪起來！」（Raise the woof!），是全世界第一首寫給狗狗的聖誕歌曲，由多名生物學家、獸醫及動物行為學家合力研究，打造出一首讓狗狗聽了會感到幸福和快樂的歌曲。

040 鐵路犬

只羨鮑伯不羨仙，狗界的鐵道旅行家。

澳大利亞歷史上最有名的一隻狗：鮑伯（Bob the Railway Dog）。牠出生在一八八二年的阿德萊德山，從小就是一個熱衷的鐵道迷，年紀尚輕的牠每天會跟隨鐵路工人進出鐵道之間，日復一日的享受沿線的鐵道風情，征服了大小朋友，聰明的鮑伯很有個性，會記住關牠的人，一定不會上那個車長的車，還會喝斥對牠沒禮貌的人，常常自己霸佔空蕩的車廂，過著無憂無慮的鐵道生活。

幼時的牠經常穿梭在斯特拉薩爾賓附近的鐵道間，有次不小心遭到圍捕，在危難之際被好心的威廉·費瑞（Willian Ferry）所救，當時規定需要以一隻流浪狗換一隻流浪狗，威廉·費瑞以一隻流浪狗換回了鮑伯，牠終於有了自己的主人，當威廉·費瑞要到彼得伯勒擔任一名列車員時，也把鮑伯帶去，他倆一起在火車車廂中共度了好多時光，鮑伯經常與主人往返彼得伯勒，習慣了千里路途的火車之旅。但好景不常，得到升遷的威廉·費瑞即將前往西澳大利亞，他並未帶鮑伯同行，鮑伯再次面臨獨自生活的命運。

然而對在鐵路局上班的員工而言，鮑伯不是單純的流浪狗，而是一起工作的夥伴，因此就算沒有主人牠仍然獲得很多幫助，白天和列車長一起上班，晚上就和他們回家大吃一頓並好好睡上一覺，這段時間牠會搭乘列車、電車，甚至坐上渡輪，足跡遍步阿德萊德、墨爾本、雪梨、布里斯班在內的很多城市。鮑伯每天跳上跳下隨心所欲地到處旅行，如果回去家鄉阿德萊德還會到當地的老鷹酒店享用免費大餐，生活相當愜意令人羨慕。

一八八一年到一八九四年這隻狗狗旅行家最為活躍，很多人是為了一睹牠的風采而去搭乘火車，那時的牠可神氣了，每個鮑伯所光臨的城鎮都對牠極其友善，有的甚至會幫牠打造項圈，上頭還會註明：「這隻狗狗想去哪裡都讓牠去吧，牠是一隻無拘無束的狗狗。」鮑伯的鐵路生涯持續到一八九五年，南澳藝術家西爾維奧·阿帕尼（Silvio Apponyi）為牠打造了一座青銅雕像，就坐落在彼得伯勒鎮，讓人永遠緬懷這隻最自由的狗狗。

世界上有許多狗狗界的鐵道旅行家。

041 耶魯大學的吉祥物

對自己人赤誠一片，最萌球隊犬經理。

無論是國家、企業還是學校，選擇一個吉祥物來代表其中的精神與文化歷史，是最貼近人心的作法，世界各地的大學也不例外，每個學校都擁有一隻專屬的萌寵，會出現在校內各個活動上，為每場賽事或是活動加油助興。而美國耶魯大學就有一隻集三千寵愛於一生的狗狗名叫「英俊的丹」（Handsome Dan），這個可愛的英國鬥牛犬從一代傳承至十八代，建立許多豐功偉業和趣聞，成為耶魯大學學生唯一青睞的吉祥物。

而英俊的丹稱號其來有自，這隻淺色的鬥牛犬，曾在美國和加拿大獲得許多獎項，還曾在威斯敏斯特犬展上榮獲一等獎。牠獲得該犬種中最帥的頭銜與加冕，因此英俊的丹名副其實。

話說一八八九年第一代的丹，是來自一位橄欖球員安德魯‧格雷夫斯（Andrew Graves）於街上鐵匠店以六十五元美金討價還價買來的，丹跟著主人走遍校園、參加球隊訓練與比賽，這個跟進跟出的小傢伙很快就得到許多球員和球迷的喜愛，順利成為耶魯大學第一隻吉祥物。當安德魯畢業後，丹持續留在校園中，成為稱職的球隊經理，每逢耶魯橄欖球隊和棒球隊比賽之前，丹都會盡責的巡視整個場地，兩隊廝殺時，丹會用盡全力吠叫為自己的隊員加油，此舉讓全校的學生感動，對牠的喜愛與日俱增，也奠定了日後這位狗明星在校園與眾不同的地位。

一八九七年丹回到主人身邊，隔年在英國去世，安德魯將丹和牠所有的東西都捐給校方，這隻忠心的狗狗，據說從不和自己學校以外的人打交道，難怪備受學生愛戴，於是在第一代丹離世後，所有的吉祥物都以鬥牛犬為條件來選擇，不僅如此，鬥牛犬的形象還出現在校服上，連校園內都有一座巨大的鬥牛犬雕塑，足以證明丹的影響力驚人。

除了第一代丹以外，耶魯大學陸續選擇其他鬥牛犬來擔當吉祥物重任，一共傳承到第十八代，這些狗狗分別來自不同地方、不同人所餽贈，有的是大學

教授，有的是農場主人，有的是校友贈送，每個丹都有屬於自己的一段故事，每個丹的串連也構成了耶魯大學的古今歷史。

豎立在耶魯大學英俊的丹雕像。

犬界消息

鬥牛犬其實是不少美國大學的代表吉祥物，例如喬治亞大學、密西西比州立大學等，可見牠可愛的模樣，深受不少人喜愛。

042 忠實狗

苦等十四年，相信主人一定會回來。

一隻豎立在義大利但丁廣場的狗雕像，這是菲多（Fido）在博爾戈聖洛倫索的紀念碑，牠因為忠心等待主人十四年而獲得人們的尊敬，一九四三年時期由義大利媒體爭相報導，感人的事蹟至今留存，到此一遊的觀光客都會特地來到廣場與菲多合影，留下難忘的紀念。

菲多有著白色毛髮及一些深色花斑紋，短毛垂耳，類似獵犬的混合體。和主人索里亞尼（Carlo Soriani）結識於一九四一年，在博爾戈的聖洛倫索鎮上，當時菲多倒臥路邊，身上還有傷，索里亞尼便帶牠回家，與妻子一起照顧牠，並為牠取名菲多，這在拉丁語中有忠實的意思。菲多也如其名一般，是一隻非常忠誠的狗狗。

和主人一起生活的菲多相當快樂，會和主人一起去盧科迪穆杰羅中心廣場的公車站上班，並在廣場乖巧地等待主人下班，這樣的情誼持續了兩年之久。每到傍晚，菲多會在空氣中嗅聞到索里亞尼的氣息，知道他快回來了，當主人一出現，菲多就會立刻飛奔到他身邊。

但是好景不常，當時正值二次世界大戰期間，一九四三年十二月三十日，博爾戈聖洛倫索遭到襲擊，索里亞尼在工作途中因轟炸身亡，那天菲多沒有等到主人，牠獨自回家後隔天再次來到公車站，試圖觀察主人的蹤跡及嗅探主人的氣息，但都一無所獲。牠持續尋找主人，此後的十四年，菲多都做著相同的行為，期待主人會從公車上走下來，一直到牠去世的那天依舊如此。

這樣的忠心等待感動了許多人，義大利雜誌《Gente》和《Grand Hotel》、時代雜誌都介紹過菲多的故事，菲多的身影也曾經出現在新聞報導中。一九五七年十一月九日博爾戈聖洛倫索市長還因此在市民面前授予牠一枚金牌獎章，表彰牠忠誠的事蹟。然而就在隔年，菲多被發現躺在公車站的路邊，牠一直到離世之前還在等待著索里亞尼，幸好菲多被安葬在盧科·迪穆杰羅基地外，旁邊就是主人卡洛·索里亞尼，忠心不二的牠終於可以和主人相見了！

跟菲多毛色相似的犬種。

犬界消息

同樣叫做Fido的狗，還有第十六任美國總統亞伯拉罕‧林肯所飼養的狗狗，在林肯遇刺的隔年，Fido也不幸被醉漢誤殺而亡。

043 返家犬

翻越二八○○英里，機智的蘇格蘭牧羊犬。

這是一個歷經六個月並翻越二八○○英里回到主人身邊的真實故事，故事的主角鮑比（Bobbie）是令人感到驚奇的狗，這隻有著可愛短尾巴的牧羊犬，在一九二三年和主人一同出遊，他們從俄勒岡州要到印第安納州沃爾科特探親，卻在途中遭到兇惡的狗攻擊而逃跑，和主人失散的牠，展現了厲害的嗅覺及過人的耐力，成功回到自己的家鄉。

一九二四年二月，有人在西爾弗頓的人行道上發現了牠，瘦骨嶙峋、毛髮雜亂、腳骨磨破，看來經歷一場相當程度的磨難，年僅三歲成功回家的鮑比一夕爆紅，許多曾經幫助過牠的民眾紛紛出來證實，也驗證了牠的返家路線，讓人嘖嘖稱奇。鮑比在印第安納州迷路六個月之間，做到了不可能的事。當地報紙《西爾弗頓呼籲報》（Silverton Appeal）刊登了鮑比返家千里的故事，並迅速傳遍了全國。牠甚至在波特蘭家居展（Portland Home Show）上成為主要焦點，成千上萬的人排著隊來撫摸牠，而牠還獲得專屬的狗屋。此外，牠還在默片《西部的呼喚》中扮演自己。

俄勒岡州人道協會的官員甚至對這件事展開了調查，他們確認了在旅途中餵養和庇護鮑比的人，這些人講述他們與鮑比在一起的時光，當時鮑比返回沃爾科特卻找不到主人後，牠持續搜尋著他們的氣味跟到印第安納州東北部，遍尋不著後往西方走去，甚至出現在主人曾待過的休息站中，卻錯過彼此。所有的返家足跡經協會證實後，牠因此獲得了獎牌、城市鑰匙以及鑲滿珠寶的挽具和項圈。

一九二七年鮑比被俄勒岡人道協會埋葬在俄勒岡州的波特蘭市，由當時的波特蘭市長喬治‧貝克（George Baker）親自主持葬禮並致悼詞。好萊塢電影明星德國牧羊犬林丁丁（Rin Tin Tin）後來在牠的墳墓前獻了花圈。據說《靈犬萊西》（Lassie Come Home）的起源就是以這隻「西爾弗頓」的鮑比為藍本，甚至牠還被稱作「不可思議」的狗狗鮑比。

蘇格蘭牧羊犬的嗅覺驚人，可以找到回家的路。

犬界消息

《為了與你相遇》（A Dog's Way Home）同樣
也是一條狗狗返家千里的故事，為布魯斯·卡麥隆
（W. Bruce Cameron）二〇一七年出版的小說，
二〇一九年翻拍成電影，並以狗狗作為第一人稱，
讓大家看見狗狗眼中的世界。

044 馬拉松犬

跑馬拉松遇見命中注定的彼此。

　　來自澳洲、住在英國的迪翁・雷納德（Dion Leonard），因為二〇一六年到中國參加新疆「戈壁長征」的超級馬拉松比賽，而遇見了同樣是跑者的流浪狗戈壁（Gobi），當時牠跟著隊伍奔跑，彷彿就像是其中的一份子，雖然身上沒有跑者的背號，卻擁有媲美選手一樣的爆發力與耐力，而比賽期間雷納德和戈壁相互照顧，一人一狗抵達了終點。當完成比賽時，雷納德就徵得太太的同意，決定將戈壁領養回家，這也成了當時超馬比賽的一段佳話。

　　戈壁在七天內一共跑了一百二十五公里，其中兩站因為太熱被「禁賽」，途中經過大河，還是雷納德抱起牠一起通過的，歷經上百公里的大漠情誼，雷納德決定收養戈壁，但需要花費四個月的時間隔離，戈壁必須和雷納德短暫分離，先待在烏魯木齊的動物收容中心，但是沒想到在隔離期滿前一個月，戈壁卻離奇失蹤，心急如焚的雷納德花費三十四小時飛奔至烏魯木齊尋找，好在經由熱心的網友和當地的民眾幫忙，尋狗傳單奏效了，有人看到後打電話通知志工和雷納德，他們趕緊出發去見遺失多天的戈壁，當牠一見到雷納德時，就飛奔過來想跳到他身上，卻因為腳傷而忍不住嗚嗚叫，讓雷納德相當心疼，於是他當下就決定要留在烏魯木齊辦理好一切手續，不再離開戈壁一步。

　　被尋獲的戈壁如願來到主人身邊，現在一家人一狗一貓居住在愛丁堡，戈壁一直是雷納德最忠心的陪跑者，兩個愛相隨的身影經常出沒在附近街區中。這段溫馨的故事，不僅出版成書，還將拍成電影。

　　二〇一九年第四十三屆巴黎馬拉松上，雷納德和戈壁一同出賽，牠甚至擁有專屬的號碼：4915！成了賽事上最吸睛的小明星，不過這次純粹是一種玩票性質，雷納德希望大家可以記住這隻始終勇往直前的狗狗，他也將自己和戈壁的故事寫成書，書名為《尋找戈壁》（Finding Gobi），甚至還宣布福斯電影已買下版權，將會翻拍他與戈壁的勵志故事。

與狗狗一起運動，除了能釋放壓力，還能增進彼此感情。

犬界消息

除了一般馬拉松以外，近年來也逐漸盛行「人狗越野賽」（Canicross），需要主人與寵物合作，彼此繫上彈力牽繩，由狗狗跑在前面，一起在不同地形上奔跑，齊力邁向終點。

戰俘的狗

擁有戰俘身分的英國軍官狗。

茱蒂（Judy）是一隻擁有獵犬血統的聰明狗狗，一九六三年被英國皇家海軍艦艇 HMS Gnat 買來當作工作犬，但牠的志向並不在此，因此訓練常常不及格，所幸牠有天生的好人緣與好聽力，能聽見遠方敵軍的聲音而讓軍艦避免被襲擊，在船上是人見人愛的萬人迷，可以說是船上的吉祥物。牠跟著大夥到處征戰，不僅能在危難中拯救自己的軍中弟兄，在因緣巧合下還成為二次大戰中登記在冊的戰俘狗。戰爭期間的英勇事蹟也讓牠拿到狗狗的最高榮譽「迪金勳章」。

這隻貪玩的茱蒂，年幼時偷跑出來而和媽媽走散，被英國皇家海軍艦艇 HMS Gnat 買下後開始了牠的軍旅生涯。一九三九年跟隨隊伍參與了「新加坡戰役」，在撤退到東印度群島時軍艦不幸被擊沉，當時倖存的士兵為了找尋存糧而發現被重物壓住的茱蒂，牠被救起後與這些士兵們一起生活在荒島上。

聰明的茱蒂在荒島上發揮了看家本領，會幫忙尋找可以喝的水源，還能在叢林裡嗅聞野生動物氣息並發出警告，避免軍隊遭受不明動物的襲擊，旅途中還曾經被鱷魚咬傷了肩膀。這一行人原本以為能順利脫逃，卻沒想到成了日本戰俘，所有人包含狗狗都送進了棉蘭戰俘營。

但是在這裡茱蒂遇上了命中注定的主人——英國空軍法蘭克·威廉斯（Frank Williams），那時候威廉斯分給茱蒂一點食物，牠從此就認定了威廉斯，而相當疼愛茱蒂的威廉斯甚至趁指揮官喝醉時，說服他將茱蒂登記為正式戰俘，編碼為「81A Gloegoer Medan」，茱蒂成了有身分的戰俘狗狗。在被俘期間，牠常常外出帶戰利品回來給主人，當其他戰俘兄弟被毆打時牠也會大聲吠叫阻止士兵，絕對不能讓別人欺負自己人，茱蒂真的是一隻全身上下充滿英國血液的軍官狗！

戰後牠跟隨主人威廉斯回到英國利物浦，英國的民眾聽到牠的英勇事蹟備受感動，他還因此獲得狗界的最高榮譽「迪金勳章」，相當光榮。

國外曾經調查過，軍犬的認養率比一般犬種高，因認養人多是軍職者。

犬界消息

臺灣目前主要設有憲兵軍犬隊，一九七四年成立，一九九四年時一度裁撤，一九九九年復編，主要訓練狗狗在複雜環境中找出爆裂物，在元旦、國慶日等重大活動時，都有可能看到牠們認真執勤的身影。

046 慵懶狗

趴臥在運河窗邊慵懶曬太陽打瞌睡的姿態讓人羨慕。

　　菲德爾（Fidèle）是一隻黃色的拉不拉多犬，名字在法語的意思代表「忠誠」。牠與飼主一起住在比利時的布魯日。布魯日在歐洲又有「北方威尼斯」的美稱，因為在市區有天然河道與人工開鑿河道交錯的運河網，所以搭乘運河遊船也是觀光客十分推薦的行程。

　　菲德爾的飼主——卡洛琳，就在運河旁開設了一間民宿，民宿中有一扇窗正好位在運河上方，這扇窗的窗檯一直是菲德爾最愛的位置，天氣好的時候，卡洛琳會打開窗戶，菲德爾就會趴在專屬的坐墊上，一邊曬著太陽，一邊看著運河上來來往往的遊船與遊客，就像運河的守護者一樣。有時菲德爾累了，就會直接在窗檯上打個盹，窗戶周圍有藤蔓垂下，下方有運河的潺潺流水，映襯著菲德爾打盹的嫻靜畫面，搭配上兩旁古色古香的建築，讓遊客們不禁為之驚嘆，紛紛從遊船上拍下菲德爾的幸福睡姿，然後放到網路上分享，菲德爾也因此爆紅，成為遊船之旅的特殊景點。很多人來布魯日旅遊時都會特別指名要住在菲德爾飼主所開設的民宿，也會要求遊船導遊特別安排從運河的角度來拍攝菲德爾的行程，因此當地的遊船導遊只要經過民宿，都會主動停下遊船向遊客介紹菲德爾，讓遊客能盡情用相機捕捉菲德爾的一顰一笑，更加深了菲德爾的知名度。

　　由於菲德爾的高知名度，也讓牠受邀參與了電影《布魯日（In Bruges）》的客串演出，成為當地媒體的寵兒與廣告明星。牠的高人氣吸引了很多人不遠千里來見牠一面。據卡洛琳所說，除了專程到民宿來找菲德爾的粉絲之外，還有其他國家的粉絲會寄來信件與禮物。菲德爾在十二歲時，也就是二〇一六年的時候，因為健康問題，所以卡洛琳不得不決定讓菲德爾接受人道安排，走上彩虹橋，但是據說到今天，依然還有人在訂房網站上指名要找菲德爾，這隻黃色的拉不拉多犬對布魯日來說，已經成為無法取代的獨特記憶了。

小憩中的菲德爾。

犬界消息

美國犬業俱樂部（American Kennel Club）每年都會根據註冊資料發表統計，截至二〇二一年為止，拉不拉多犬一直都是美國最受歡迎的犬種，已經連續三十一年拔得頭籌。

047 玩賞犬

一起到老，成為彼此的心靈伴侶。

玩賞犬顧名思義就是能供人玩賞的狗狗，體型嬌小能夠一手抱起，個性溫和、聰明，能夠讀懂主人的心，因此也有人稱牠們為伴侶犬，這些玩賞犬由於能夠讓人很快地敞開心房，因此深受獨居者、孩子及病患的青睞，這些小可愛活潑好動、乖巧溫順，只要學習簡單的飼養技巧並多多相處，就能成為彼此的心靈伴侶。

在挑選犬種前，性別的選擇也相當重要，公狗勇敢卻好鬥，不易管教，但活潑的個性總會逗人開心；母狗溫柔乖巧卻有經期及生產問題，但卻是最有耐心的聆聽者。綜合兩者優劣，因此許多人會選擇飼養年幼的公狗並帶去結紮，如此一來，狗的個性會較溫順聽話，也減少每年春秋發情的困擾。

玩賞犬的選擇多樣，其中較為熱門的為博美犬、馬爾濟斯犬、吉娃娃，另外還有約克夏㹴、查理王小獵犬、巴哥犬、蝴蝶犬、迷你杜賓犬、日本狆、英國玩具獵犬、哈威那犬、愛芬杜賓犬、澳洲絲毛㹴、玩具獵狐㹴、比利時粗毛犬、西施犬、中國冠毛犬、北京犬、曼徹斯特㹴等。

世界知名的玩賞犬包含先前介紹過的博美犬布（Boo），以及電影《金髮尤物（Legally Blonde）》兩部曲中出現的吉娃娃吉特（Gidget），這隻吉娃娃同時也被稱為「塔可鐘吉娃娃（Taco Bell Chihuahua）」，因為牠長期作為美國連鎖速食餐飲業塔可鐘的吉祥物兼代言人，並為塔可鐘帶來龐大的討論度與經濟效益。吉特的出現，跟當時幾家速食業者互相使用大量廣告嘲諷對手產品的「漢堡大戰（Burger wars）」脫離不了關係，也因此誕生了各種充滿諧音梗的經典廣告作品。二〇〇七年，吉特結束了與塔可鐘的廣告合作，因此沒有參與到速食業者下一波的「早餐戰爭」。之後吉特轉為幫保險公司代言，並參與電影《金髮尤物》的演出，最後於二〇〇九年七月，因中風走上彩虹橋，享年十五歲。

電影《金髮尤物》女主角尺另一隻吉娃娃莫尼走紅毯。

犬界消息

玩賞犬種類繁多，每種狗狗也都有著不同的性情與身體狀況，在飼養前不妨多做做功課，確認自身環境、經濟能力與生活都能負擔的情況，才將狗狗帶回家喔！

048 雙足狗

雙腳站立走路，有缺陷卻快樂的狗人生。

信仰（Faith）是一隻和人一樣用兩隻腳站立及走路的狗狗，牠和主人一起到各地旅遊，因為和人一樣走路而受到矚目，這隻連獸醫都建議安樂死的狗狗，因為和斯特林費羅家庭相遇而改變了一生的命運。

信仰出生在二○○二年的平安夜，剛出生時只有兩隻後腳和一隻萎縮的前腳，隨後前腳也被切除，這樣先天不全的信仰，連媽媽都試圖用身體壓死牠，第一個主人也因為這樣的缺陷要將牠人道處置，不過幸運的信仰遇見了裘德‧斯特林費羅（Jude Stringfellow），斯特林費羅一家人不僅深愛牠，還決定將牠訓練成用兩隻腳走路的狗狗，為牠取名信仰，堅信只要努力就會成功，他們相信信仰一定能用雙腳走路。

於是信仰展開了許多訓練，有時候主人會將信仰放在滑板上，讓牠練習移動和平衡感，也利用牠愛吃的花生醬來引誘牠站立和跳躍，就連家中的柯基犬也是助手，牠會從另一個房間向信仰吠叫，或者咬住牠的腳後跟，催促牠走路。漸漸地，六個月後的信仰真的開始用牠的後腳移動，等到熟悉用兩腿站立時，裘德開始訓練信仰跳躍行走。之後牠常和主人到處遊玩，所到之處都成為焦點，因此消息很快傳開，信仰還上了許多電視節目。其勵志的成長過程也出版成書，書名為《With a little Faith》。

裘德希望信仰的故事可以帶給更多人勇氣和力量，她帶著信仰去少年監獄，將這個困難但成功的過程告訴受刑人，又帶信仰去老兵中心，將她們樂觀積極的態度傳遞給一些在中東戰爭中失去四肢的老兵。二○○六年信仰探訪了世界各地醫院超過兩千三百位士兵，還會穿著美國陸軍迷彩夾克去基地、機場或一些重要典禮探視軍中的夥伴，甚至被授予 E5 軍士軍銜，非常了不起。

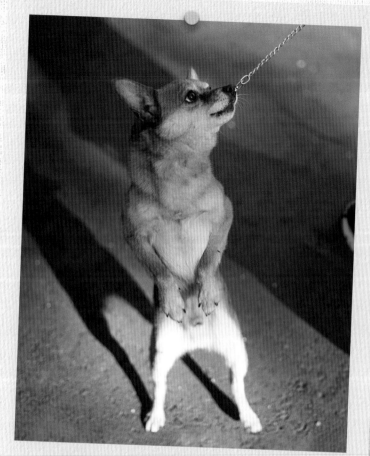

信仰是一隻用兩隻腳站立只走路的狗狗。

犬界消息

美國有一隻只有三條腿的不列塔尼獵犬Dexter，因為車禍右前腳截肢，左前腳動過五次手術，主人為了協助牠復健，曾幫牠裝過輔具，但Dexter卻依然故我的使用後腳走路，還走得飛快，也讓不少人為牠的活力與毅力感到驚訝。

049 約克夏犬的老祖先

競賽冠軍狗，也是聽話的伴侶犬。

約克夏犬的起源可以追溯到十八世紀，當時移民至英國定居的蘇格蘭人，就是帶著這些小獵犬在蘭開夏郡和約克郡地區的礦山中，捕捉礦井中的老鼠，也會帶著牠們去狩獵獾和狐狸，這些小獵犬品種包含了斯凱（Skye）、佩斯利（Paisley）、沃特賽德（Waterside）和克萊德斯代（Clydesdale），這些犬種都可算是約克夏犬的起源之一。另有一說其祖先是水邊狹，藍灰色長毛的蘇格蘭品種；最後則由一隻名叫哈德斯菲爾德·班（Huddersfield Ben）的狗狗（約一八六五年至一八七一年）所定義，牠是一八六〇年代後期非常受歡迎的表演狗，也在各項競賽中贏得了許多獎項。

哈德斯菲爾德·班由英國西約克郡布拉德福德的 M.A. Foster 夫婦所擁有，牠和母親都是純種犬，亦是天生的競賽好手，註冊號 3612，相繼在一八六九年贏得曼徹斯特比賽的亞軍，一八七〇年在同場比賽中更一舉奪冠，以及於一八七〇年及一八七一年的水晶宮狗展上，班分別獲得一等獎和二等獎。活力充沛的牠在短短六年的生涯中，共獲七十四個獎項，因此迅速成為該品種的原型。隨後哈德斯菲爾德·班成為第一個純正的約克夏犬，也是繁衍下一代的基礎狗，體重維持在九到十二磅之間。一八六一年英國正式將短毛蘇格蘭狹品種定義為約克夏，一八七四年正式成為約克夏狹的起源，該犬傳至美國後，一八七八年獲美國犬業俱樂部（American Kennel Club）正式註冊。

約克夏犬是小型犬種之一，雖然小巧可愛，卻天生油脂分泌過剩，容易罹患皮膚病，需要時常將藏在皮毛內的汗水梳開，才不會造成體味過重。不過，牠們適應力強，非常忠實且深情，很適合當伴侶犬，若是照顧得當，可以陪伴人們十二到十四年，有的甚至會長壽至十七到十八歲。

活潑好動的約克夏犬是天生的競賽好手。

犬界消息

約克夏犬擁有「會動的寶石」的美名。此外，在二戰期間，有一隻名為Smoky的約克夏犬在新幾內亞的叢林被美軍撿到，不僅陪著士兵們勇闖戰場，也為受傷的士兵們帶來精彩的特技，撫慰人心。

德國牧羊犬的老祖先

軍隊裡的助手，英俊挺拔的戰鬥犬。

　　十九世紀末期，歐洲已經培育出許多牧羊犬品種，牠們出現在德國中部和南部的圖林根和符騰堡地區，這些狗既能看守羊群、也能守護家園，更能成為工作犬，因此深受歡迎。霍蘭德‧馮‧格拉夫拉特（Horand Von Grafrath）於一八九五年一月一日出生於德國法蘭克福，牠是德國第一隻註冊為德國牧羊犬的狗狗，由馬克斯‧馮‧斯蒂梵尼（Max Von Stephanitz）購買並註冊。霍蘭德擁有中等體型，骨骼良好，具有令人滿意的頭型和優秀的氣質，因此成為德國牧羊犬的定義犬並不斷繁衍，有好幾個同樣優秀的後代。

　　而真正定義德國牧羊犬的推手馬克斯‧馮‧斯蒂梵尼是一位深居在軍中的軍人，因為發現牧羊犬不僅是很好的工作犬並且個性安定，是士兵的最佳助手，於是開始致力培育純種的軍用工作犬。一八九八年一月十五日馬克斯‧馮‧斯蒂梵尼從法蘭克福的育種專家卡爾‧斯帕‧瓦瑟那裏以兩百帝國馬克價格買回只有三歲的狗狗「赫克託‧林克斯萊茵」，後來將牠改名為「霍蘭德‧馮‧格拉夫拉特」，霍蘭德是第一隻正式註冊為新品種德國牧羊犬（註冊號SZ1）的狗，也是之後德國牧羊犬的始祖。之後牠的親戚們也相繼註冊，包括牠的兄弟 Luchs（SZ155）、牠的父母（SZ153 和 SZ156）和祖父母（SZ151）和（SZ154）。至今，所有的現代德國牧羊犬都能追溯至霍蘭德‧馮‧格拉夫拉特。

　　由於對德國牧羊牧的喜愛，馬克斯‧馮‧斯蒂梵尼邀來好友阿圖‧邁爾一起推廣德國牧羊犬品種，兩人於一八九九年四月二十二日在德國南部的巴登地區首府卡爾斯魯爾建立「德國牧羊犬協會（Verein für Deutsche Schäferhunde）」，並由馬克斯‧馮‧斯蒂梵尼擔任主席，正式紀錄純種德國牧羊犬的譜系，牠們都是霍蘭德‧馮‧格拉夫拉特的血脈，馬克斯‧馮‧斯蒂梵尼和阿圖‧邁爾畢生都為德國牧羊犬付出貢獻，確立了德國牧羊犬犬種的歷史。

德國牧羊犬不僅個性安定又聰明，是士兵們的最佳助手。

犬界消息

德國牧羊犬，也被稱作「德國狼犬」、「德國狼狗」，經常肩負許多工作，如護衛、搜索和軍事等，在臺灣，由於日治時期，曾大量使用德國牧羊犬作為軍用犬，所以閩南語中提到的「軍用犬」，其實指的就是德國牧羊犬喔！

名人與狗

　　比名人私事更有趣的，想必一定是他們與狗之間的關係。正在閱讀的你是否好奇世界上有哪些名人有養狗狗呢？還有他們平時如何跟寵物互動的呢？馬上與你分享世界名人與狗的二三事！

051 八公

即使難再與你相見，我仍願意用一生等候。

　　上野英三郎是來自日本的農業學博士，曾於東京帝國大學擔任農學部教授，主要研究水利工程及土壤改良，其一生為農業技術的推廣不遺餘力，對日本近現代農業發展貢獻卓著。英三郎飼養過一隻秋田犬，取名為八公（ハチ公），溫馴乖巧的牠，備受主人的呵護與喜愛，待牠猶如親人般，總是一起散步、四處玩耍，而八公的最愛就是時刻陪伴在主人身旁。

　　一九二三年九月一日，日本關東地區經歷了毀滅性的地震重創，國內瀰漫著沉重低迷的氛圍，各地百廢待興。心繫家人的英三郎決定領養一隻幼犬，陪伴家人們度過這段難熬的時期。八公來自於秋田縣大館市，出生後不久即被送往位於東京的上野家，初來乍到的新生命，成為家中無可取代的精神寄託，撫平全家人在劫後餘生的心靈創傷。八公最親近的家人便是英三郎，牠與主人之間感情甚篤，無時無刻都待在一起，更培養出彼此的小默契，每當英三郎出門上課，在前往學校途中，八公總會一路隨侍在旁，直到抵達校門口才分別，下課時間亦會準時來到學校，等待英三郎回家。然而這種安穩的日子，卻在一九二五年五月二十一日這天意外生變，由於突發性腦溢血，英三郎於講課時驟然離世，留給家人及師生無比的錯愕與不捨。等不著主人的八公，並不理解當下的噩耗意味著什麼，依舊盼著主人回來。從前英三郎出差時，會前往澀谷車站乘車，或許八公認為英三郎是出遠門的關係，便每天至澀谷車站繼續等候主人，日復一日。起初，附近民眾會對固定出現的八公感到排斥，牠也曾遭受到野狗欺負，導致左耳受傷下垂，面對不友善的環境，仍動搖不了八公的殷殷期盼，其忠貞的行為也漸漸地打動了人們的心，得到居民的諒解。在無數守望的日子裡，八公始終如一，並堅持了十年寒暑，儘管並未盼來奇蹟，但是八公與主人的情誼卻足以使牠用一輩子來等候，其真摯的情感令人動容！

　　八公與上野英三郎之間的羈絆，在日本成為廣為流傳的佳話，「忠犬」的形象更深植人心。一九八七年上映的《八公犬物語（ハチ公物語）》以及二

〇〇九年的美國電影《忠犬小八（Hachiko：A Dog& Story）》，即為真人真事改編，忠心的事蹟繼續感動萬千人。願八公在天上能再次與主人相會，並聽見那熟悉且溫柔的叫喚，陪伴踏上返家的歸途。

位在美國羅德島文東基特車站廣場前的八公雕像，美國電影《忠犬小八》正是將故事背景從澀谷移到此地拍攝。

犬界消息

　　八公的故事讓人深受感動，在東京澀谷車站前甚至擺放八公像作為紀念，但目前的八公像其實是第二代，第一代八公像一九三四年由知名雕塑家安藤照製作，但二戰期間因金屬短缺，銅像被移走融掉，之後才由兒子安藤士在一九四八年完成第二座八公像。

052 守墓犬

不離不棄守護主人墓地十四年。

一八五〇年，一位名叫約翰·格雷（John Gray）的園丁與他的妻子和兒子一起抵達愛丁堡。由於找不到園丁的工作，他以守夜人的身份加入了愛丁堡警察局，也避開了進入濟貧院工作的命運。

成為守夜人的約翰·格雷在一個機緣下遇見了忠犬巴比（Greyfriars Bobby），一隻身材矮小的斯凱狸，牠成了名副其實的看門狗和巡邏犬，約翰和巴比經常一起在愛丁堡古老的鵝卵石街道上來回巡視。不幸的是，約翰後來罹患了肺結核，並於一八五八年二月十五日逝世，葬在灰衣修士教堂墓地（Greyfriars Kirkyard）。而巴比從那一天起就沒有離開過主人的墓地，不論風雨都待在主人身邊，持續了十四年之久！雖然一開始墓地的園丁和管理員試圖趕走牠，但巴比總會想辦法回來，於是他們在約翰的墓地石桌下放了麻布袋，讓巴比可以休息。這個故事很快就傳遍了愛丁堡，很多人為了巴比會特地到附近等待，當午間一點的槍聲響起，巴比就會離開墓地去吃飯，牠經常跟隨當地的木匠威廉·道（William Dow）去一間之前常和主人去的咖啡館，並享用善心人給的午餐。

一八六七年愛丁堡有一項新規定，所有的狗狗都必須有許可證的執照，否則就要人道處置，差一點就面臨危機的巴比，還好有威廉·錢伯斯爵士（愛丁堡教務長）相助，威廉不僅支付巴比執照的費用，還贈送牠一個帶黃銅銘文的項圈，並寫著「Greyfriars Bobby from the Lord Provost 1867 licenseed」，至今仍展示在愛丁堡博物館。

忠心的巴比十四年來不離不棄守在墓地，也被當地的好心人持續照顧著，直到一八七二年因為病離世，享年十六歲。英國皇家防止虐待動物協會的婦女委員會主席安琪拉·伯德特－庫茨被這個故事深深感動，進而向市議會爭取建造一座花崗岩噴泉，打造巴比的雕像來緬懷這隻忠狗，於是一八七三年十一月，威廉·布羅迪（William Brody）製作了一隻栩栩如生的忠犬巴比雕像，並放在灰衣修士教堂墓地對面。

位在蘇格蘭愛丁堡的忠犬巴比雕像。

犬界消息

以前有巴比，現在有卡普敦。阿根廷一隻德國牧羊犬卡普敦（Capitan），在主人死後，苦守主人的墓十一年，在二〇一八年逝世，才又與主人重新相聚。

053 基奴李維與狗

因為一部電影，被尊稱為史上最激進的動保人士。

基努・查爾斯・李維（Keanu Charles Reeves）是加拿大男演員，演過知名電影《捍衛戰警》、《駭客任務》系列、《康斯坦汀：驅魔神探》等作品，其中《捍衛任務》系列電影更讓他被全世界影迷封為「史上最激進的動保人士」、「地表最強愛狗人士」。

在電影《捍衛任務》中，基努・李維飾演的男主角——約翰・維克，是一位退隱江湖的殺手，妻子因病逝世令他哀痛不已，幸好他的妻子在過世前訂購了一隻米格魯，取名為黛西（Daisy），代替自己陪伴約翰，療傷止痛。後來當地某黑道家族的二世祖在路上看上約翰的車，欲購買不成，心生怨恨，竟然在晚上約上同夥闖入約翰家中襲擊他，還殺了黛西並將車搶走。約翰在昏迷中醒來後，看到爬到自己身旁斷了氣的黛西，滿懷傷悲地將黛西埋在後院。之後約翰從地下挖出被自己封印的殺手裝備，重拾舊業，為黛西報仇。在經過一番浴血苦戰後，約翰終於把二世祖及他身後的黑道家族連根拔起，自己也受了重傷。最後約翰躲到一間海港旁的動物收容所包紮傷口，並從收容所直接帶走一隻比特犬。之後在《捍衛任務》系列作品中也一直有狗狗的參與，《捍衛任務3》乾脆直接把狗狗放入宣傳海報之中，足見狗狗在這系列作品裡是多麼重要的元素。

基努・李維本人在好萊塢的所有演員中一直有「最暖男神」的稱號，他曾說過「自己賺的錢一輩子也用不完，所以為什麼不給需要的人用呢？」因此對於金錢看得很淡泊，生活低調，出門會坐大眾運輸工具，穿著也很隨意，盡自己所能將錢捐給慈善、癌症與白血病研究單位，當然，還有幫動物保護組織發聲。基努・李維曾經在某次採訪中表示自己沒辦法在貓派和狗派中選邊站，不論狗貓，他喜歡每一隻碰到的動物。

位在泰國曼谷的《捍衛任務》主角約翰‧維克和他的鬥牛犬電影宣傳塑像。

犬界消息

其實在《捍衛任務》中，因愛犬被殺而導致一連串緝凶的設定，其實是由真人真事改編。一位退役的美軍海豹部隊成員馬克斯‧盧崔（Marcus Luttrell），為了紀念在行動中過世的隊友，特別以他們名字第一個字母為領養的小狗命名為DASY，但DASY卻被人無故射殺，讓他開啓了跨州追凶的行動，並在蒐集證據之後，交由警方處理。

054 克拉麗斯・利斯佩克托的狗

狗不只是狗，總有一天會和人對話

巴西作家克拉麗斯・利斯佩克托（Clarice Lispector）是本世紀首屈一指的拉丁美洲女性散文作家，塑造了文學現代主義，也是世界文學中最偉大的語言學家之一。她有一隻對她非常忠心的愛犬尤利西斯（Ulysses），如今在巴西里約熱內盧的萊米地區和主人擁有一座供後人緬懷的青銅雕像。

克拉麗斯・利斯佩克托出生於烏克蘭的一個猶太家庭，於一九二〇年代移居巴西，逃避了蘇聯的迫害，並於一九二二年抵達巴西東北部，在那裡他們大多採用了新的巴西名字；而她原先的名字 Chaya 在希伯來語中意為「生命」，也改為現在大家所熟知的 Clarice。隨著時間的推移，她成為巴西最著名的現代主義作家之一，並在一九四三年出版第一本作品《靠近荒野之心》（英譯：Near to the Wild Heart），之後撰寫的題材廣泛，包含小說、散文、短篇小說和兒童文學。由於歷經逃亡和流放的磨難，在詩歌和散文中可以看見靈魂的多樣性、自我的解體和去人格化特質，深具獨特性。而她對人性刻畫細膩，有時甚至遊走在道德與跨界邊緣，因此備受批判，更因為巴西作家的身分，就算作品出色，在美國文學界幾乎無人知曉。

在後期的作品《生命的呼吸》（英譯：A Breath of Life：Pulsations）中，她用了幾篇短文介紹了她的愛犬尤利西斯，在書中，一位作者和他想像中的角色安吉拉展開對話，故事中的每個角色都與克拉麗斯有著共同的特徵，所以「安吉拉與作者」就是她內心與自己的對話，可以說是在自言自語當中展開一段冥想。在作者和安吉拉之間的思辨中，安吉拉會說：「我會說一種只有我親愛的狗狗尤利西斯聽得懂的話」、「我會等待，總有一天他會說話」、「狗是一種神祕的動物，因為他幾乎會思考」、「狗是一個被誤解的人」，由此看出克拉麗斯很欣賞狗和語言之間的複雜關係。從書中的作者觀點來看，透過表達狗對語言的渴望來解釋安吉拉的主張——安吉拉的狗，其實不只是狗，在牠的身軀中有人的靈魂，但這是多麼殘酷的事實，狗非常渴望成為人類，成為一

個男人，因為不能說話而令他痛苦。而這樣的作品風格，正是克拉麗斯・利斯佩克托的文字魅力。

作家克拉麗斯和她的狗尤利西斯在里約熱內盧海岸旁的雕像。

犬界消息

美國作家班傑明・莫澤（Benjamin Moser）於二〇〇九年為克拉麗斯・利斯佩克托寫了一本傳記《為什麼是這世界（Why This World: A Biography of Clarice Lispector）》，從克拉麗斯的文字、信件、學術著作及少數的採訪中，探討她的作品如何反應生活，其中克拉麗斯是這麼形容她的狗狗尤利西斯──「牠是一隻非常特別的狗。牠抽菸、喝酒，甚至還喝可口可樂，甚至非常的神經質。」從中可以窺見，尤利西斯有著和主人一樣的脾氣，是個非常有個性的角色。

055 詩人拜倫與狗

為狗寫悼詩，一首恰如其分的讚美。

喬治・戈登・拜倫（George Gordon Byron，一七八八年至一八二四年），是英國十九世紀初期偉大的浪漫主義詩人，代表作品有《恰爾德・哈洛爾德遊記》、《唐璜》等，他天生跛一足，因此生性敏感，不易與人親近。當遇見愛犬波森之後，這隻全身黑透，僅在脖子及四肢下方有著雪白毛色的紐芬蘭犬，憨厚貼心的樣子總讓拜倫感到安心自在，不論去哪裡只要有波森（Boatswain）在，彷彿就有一股力量支撐他。壯碩的波森會陪拜倫到處探險、還會幫忙從郵差手中收信交給拜倫，一人一狗相處的細節愛意滿滿。

拜倫一家是一個沒落的貴族，但由於當時貴族世襲制，從小拜倫繼承了伯祖父的大批遺產及爵位，年僅十歲就成了勳爵，他與母親從倫敦一起搬進諾丁漢郡的世襲領地紐斯台德寺院，從此展開他的貴族之路。就是在當時飼養了各種動物：馬、羊、狗、熊、貓、狐狸、猴子等動物，也養老鷹、猛隼、烏鴉、天鵝、孔雀、珍珠雞等禽鳥。在眾多的寵物之中，他最鍾愛狗，因此在一八〇四年遇見波森之後就對牠寵愛不已，當時要遠赴劍橋大學就讀的拜倫甚至希望帶波森一同前往，卻被校規所阻，憤恨不平的他有天刻意帶著一隻熊到學校的六角噴水池喝水，藉以諷刺這道規定，表現他的不以為然，此舉可以看出他的年少輕狂，盛氣凜然，勇於挑戰權威。

無法和波森時時相見，拜倫會趁放假時與牠黏在一起，但一八〇八年波森遭惡犬咬傷，得了狂犬病，拜倫每天悉心照料牠，不顧自己會被感染的風險，然而應該感到痛苦及憤怒的波森卻相當溫馴的躺在拜倫的懷裡，可惜的是，因為當時沒有治療的疫苗和藥品，不久後心愛的波森與世長辭，心碎的拜倫為牠在庭院中建造墓地，墓前是一個六棱形圓椎體的大理石墓碑，並點上一盞長明燈與愛犬相伴。而有名的悼狗詩也是出於此處，墓碑正面的悼詩題為《一隻狗的墓誌銘》，也稱《紐芬蘭犬墓碑題詩》。他讚美這隻狗，並寫下：「牠有美德，沒有虛假，有威嚴，卻無傲慢，有膽量，但不衝動，有人的一切美德，而無邪惡之心。」

拜倫男爵和他的紐芬蘭犬波森一起坐在岩石上。

犬界消息

紐芬蘭犬是一種大型工作犬，雖然身材高壯，但個性十分溫和，非常適應極端環境，經常訓練成救援犬，是人們的好幫手。

056 威廉・霍加斯的狗

集三千寵愛於一生，哈巴狗的美麗與哀愁。

十八世紀被譽為「英國繪畫之父」的威廉・霍加斯以諷刺藝術聞名，他的創作細膩，描繪了上流社會不為人知的陰暗面，現實生活與社會道德題材更成了歐洲連環漫畫的先驅，亦是英國版畫、諷刺畫的開創者，由於現實主義特徵鮮明，被後世稱為「Hogarthian」，是一個用來形容與威廉・霍加斯的繪圖有關，或具有其特色的形容詞。

英國畫家威廉・霍加斯（William Hogarth）因為熱愛哈巴狗而聞名，一生中擁有的幾隻愛犬皆是哈巴狗，哈巴狗是他繪畫的題材及靈感來源，最愛的狗特朗普（Trump），在許多作品中都可以看見牠的蹤跡。一七四五年霍加斯更因為在「畫家和他的哈巴狗」的畫中繪製自己和特朗普的自畫像而聲名大噪，他調皮地把自己直率而聰明的特徵與強壯的哈巴狗特朗普並列，並將偉大的英國作家威廉・莎士比亞、約翰・米爾頓和喬納森・斯威夫特的作品放在一個刻有蜿蜒的「美麗線條」的調色板上，他以多樣性、複雜性和簡寫符號來表現對現實的不滿。這時期也是霍加斯職業生涯的高峰，同時也是一份藝術宣言，如今這幅畫目前在倫敦泰特美術館展出。

但特朗普其實不是霍加斯的第一隻哈巴狗。一七三〇年十二月，他在《The Craftsman》上刊登了一則懸賞廣告：「一隻鼻口略帶黑色的淺色荷蘭犬」，名為帕格（Pugg）。但此後不久，霍加斯便收養了特朗普，而特朗普是當時哈巴狗很常使用的名字，據說這個名字的由來是將十七世紀兩位著名荷蘭海軍上將的名字 Tromp 英語化，特別的是，哈巴狗在當時有著「荷蘭犬」及「荷蘭獒犬」的稱呼，因為哈巴狗曾是荷蘭奧蘭治一拿索王朝所認定的官方犬。

而哈巴狗學名巴哥犬，英文名 Pug，十八世紀末正式命名為「巴哥」，在中國是備受寵愛的皇宮狗，到了一五〇〇年代，中國與歐洲貿易往來頻繁，更成了王公貴族的愛寵。因此哈巴狗象徵權貴，霍加斯就以愛狗作為創作題材，用來諷刺當時政治和社會現況。

霍加斯的「畫家和他的哈巴狗」郵票。

犬界消息

巴哥犬屬於扁臉的狗狗，由於鼻子比較短的緣故，會有一些先天上的疾病，例如：短吻呼吸道症候群，導致牠們呼吸困難、不易散熱，因此在照顧上更需要花費心思。

057 畢卡索與路普

世上唯一能打擾畢卡索作畫的狗。

二十世紀最偉大的藝術家：畢卡索（Pablo Picasso），這一生創作無數，不僅是個畫家，同時也是雕塑家、版畫家、陶藝大師和舞台設計大師。總計留下了一千八百八十五幅畫作、一千二百二十八件雕塑作品、七千零八十九幅素描、三萬幅版畫、一百五十本素描本和三千二百二十二件陶瓷作品。在他的藝術作品中都能發現狗狗的身影，如《狗和公雞》、描寫佛朗哥軍閥轟炸小鎮格爾尼卡的《格爾尼卡》、以及拍賣出三·八億的《女人與狗》，情人和狗狗是畢卡索一生所愛，也是他創作的靈感來源，這隻名叫路普（Lump）的狗能自由進出大師的畫室，當大師創作時，也只有牠備受禮遇，擁有進出畫室的豁免權。

這個可愛的德國臘腸狗，一九五七年和畢卡索初相見就像戲劇般飛奔到他面前，似乎是認定他了，於是畢卡索向攝影師友人大衛·鄧肯（David Duncan）要回來飼養，那時小路普才八個月大，他們走進彼此的生命，從此相伴十六年，度過幸福的日常時光。路普可以在家中任何角落遊走、能和主人一同入眠、一起共桌吃飯，甚至還擁有畢卡索為牠訂製的餐盤，上頭畫著路普的畫像。在畢卡索的生活照上經常看見這位大師以極其溫柔的目光望著路普，寵溺的神情溢於言表，這個小可愛也是畢卡索的「繆斯女神」，他的五十四幅作品中都有路普可愛的身影。當畢卡索辭世後，路普也在七天後跟隨主人一起蒙主感召。

說來巧合，許多藝術家都愛臘腸犬，這個小傢伙非常討人喜歡，尤其小短腿跑起來敏捷快速，更顯呆萌，有著驚人的耐力和體力，亦是出了名的好脾氣、適應力強，是一種天性樂觀的狗，讓人不自覺憐愛萬分。除了畢卡索以外，另一位公開性向的「最著名的英國同志畫家」大衛·霍克尼（David Hockney），就曾以他的兩個愛犬斯坦利（Stanley）和布吉（Boodgie）為主角，於一九九五年展出一場以「臘腸犬」為主題的畫展。

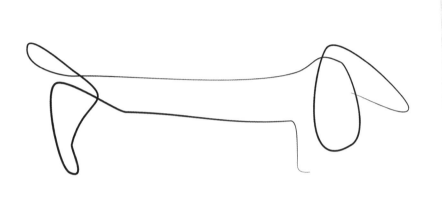

臘腸犬的單線繪圖，這幅連續線條插圖是受畢卡索的繪畫風格所啟發。

犬界消息

狗狗也能畫畫，近年來不少狗狗拾起畫筆，化身成為犬界畢卡索，例如加拿大的黑色柴犬Hunter、美國流浪狗Arbor，Hunter甚至已經賣出不少畫作，成為狗狗界的大藝術家。

058 奧列格・波波夫與狗

與小丑一起表演，馬戲團裡的小明星。

　　舉世聞名的俄羅斯小丑奧列格・波波夫，有一隻可愛的英國西部高地㹴犬，這隻備受寵愛的明星狗 Big Ben 是在蘇格蘭的一場狗狗選拔中，一舉被奧列格・波波夫相中，於是便開始隨著主人到各地表演，無論在莫斯科國家馬戲團、或是英國倫敦的表演節目，可愛的身影與滑稽的小丑一搭一唱，風靡了無數觀眾，大人小孩都是他們的粉絲。

　　奧列格・波波夫（Oleg Popov）於一九三〇年七月三十一日出生，來自一個平凡清苦的家庭，父親在一家小型錶廠工作，母親在一家照相館工作，由於家中經濟困頓，他十一歲就出去打零工賺錢，一開始拿鄰居家做好的肥皂到處賣，後來跑去印刷廠工作，一九三七年到了一所教授雜技的體育學校就讀，但因為父親驟逝而沒有完成學業。之後，奧列格・波波夫便到《真理報》出版社工作，白天上班晚上讀夜校，一九四四年被老師賞識進了莫斯科馬戲團和波普藝術學校。畢業後持續以雜耍維生，更專心的學習雜耍和掌握其他馬戲技巧。一九五〇年奧列格・波波夫在薩拉托夫馬戲團，以小丑的形象來打扮自己，一個性格開朗，穿著寬條紋褲子，配上紅色襪子，帶著一頂格子帽，頂著一頭亂蓬蓬的金髮就是他的小丑特徵。一九五六年奧列格・波波夫因跟著莫斯科馬戲團到英國、比利時、法國等地表演一舉成名，成為世界級的太陽小丑。

　　奧列格・波波夫以小丑的形象表演默劇、走鋼絲和各種雜耍，除了自己的拿手絕活外，有時會帶著一隻可愛的英國西部高地㹴犬 Big Ben 相伴，當時許多名媛貴族愛狗成痴，於是見到小丑與 Big Ben 的默契表演更是為之瘋狂、驚艷不已，奧列格・波波夫憑藉著自己獨到的表演功夫和創意，幾乎成為當時蘇維埃政權的親善大使，以歡樂之名周遊歐洲各國，征服了所有人的心，因此跟在他身邊的高地㹴犬 Big Ben 也備受關注，牠和奧列格・波波夫擁有不少開心的合照，想必也是一隻開心果狗狗吧。

世界著名小丑奧列格‧波波夫與狗在俄羅斯的紀念碑。

犬界消息

西沙的狗罐頭上，總是有一隻潔白可愛的小狗，這隻大家習以為常的狗狗，其實就是英國西部高地狎犬喔！

059 法老王的狗

忠心護主又能征戰沙場的護衛將軍狗。

　　許多人以為埃及人愛貓，但當時狗也常常和主人合葬，並製成木乃伊。而法老王的狗阿布蒂尤（Abuwtiyuw）就是第一隻有名字的狗狗，其碑文於一九三五年十月由埃及學家喬治・安德魯・賴斯納（George Andrew Reisner）發現，這個石碑的銘文寫道：「這條狗是陛下的護衛，阿布蒂尤是牠的名字。」據說牠是一隻保護埃及第六王朝的皇家護衛犬，就連入葬的儀式都精心安排於吉薩金字塔群，是第一隻有自己名字的家犬。

　　阿布蒂尤幾乎是以貴族的體制風光大葬，擁有自己的墓地，還被賜予棺木並有大量細麻、香料和香膏等陪葬禮品，從碑文記載的禮物清單中，代表著對此亡者的尊貴與重視，法老王希望這些物品能讓阿布蒂尤在偉大的神阿努比斯面前受到尊重，足見當時法老王對牠的重視，視如己出宛如親人。但至今還未找到阿布蒂尤的棺材和遺骸，雖然在許多埃及遺址中發現了狗木乃伊，但都不是阿布蒂尤。相傳這隻狗狗的模樣耳朵直立，尾巴捲曲，有著黝黑的毛色，其色澤亦象徵一種生命的初生與消滅。有學者揣測是法老王獵犬，或是伊比贊獵犬。

　　在古埃及文明中阿努比斯是一個豺狼頭神，有著神祕色彩，犬神通常代表死亡和來世，他們擔任防腐過程的監視官，是製作木乃伊之神，也是引導靈魂進入死後世界的神。在埃及宗教文獻《死者之書》曾提及在歐西里斯面前進行的最後審判中，死者將心臟放置在天秤的一端，另一端則是象徵的真理與秩序的羽毛，若平衡則可免受猛獸阿米特吞噬而進入極樂世界，阿努比斯就是這場審判會的監看官與執行者。

　　因此在埃及人心中，人們希望藉由將狗奉獻給阿努比斯而得到眷顧，古埃及的墓地群中發現許多狗木乃伊當成陪葬品殉葬，這些法老的狗除了是家犬、獵犬外，還能到戰場打仗。在圖坦卡門墓中的陪葬品，便描繪了法老擊潰努比亞人和敘利亞人的場景，其中就能看見狗狗參戰的英姿。

在圖坦卡門的展覽中，位在棺材上的古埃及阿努比斯雕像。

犬界消息

古埃及人會利用石製的調色板，研磨礦物顏料來裝飾身體肌膚，上面的浮雕便刻有狗狗的裝飾，可以窺見當時古埃及人對狗的喜愛。相關作品有在巴黎羅浮宮的四狗調色盤（Four Dogs Palette）及牛津阿什莫林博物館的雙狗調色盤（Oxford Palette / Two Dogs Palette）。

060 巴頓將軍與狗

見狗如見將軍，巴頓將軍的分身狗。

巴頓將軍（George S. Patton）是美國歷史上最成功的戰將之一，他親自參與兩次世界大戰，並擔任指揮官，世人對他用兵如神極具推崇，他出身軍人世家，因此從小就置身軍旅環境，似乎是神的指引，讓巴頓在一次次失意後能夠重新站起，再次領軍奪勝。而這個脾氣差的將軍卻只將柔情給了一隻名為威利（Willie）的狗狗，牠是巴頓夢想擁有的牛頭㹴，在軍隊中就像是他的另一個分身，當士兵看到威利就知道巴頓將軍緊跟在後頭，會立刻提起精神面對這個軍中的巨人。

威利原來叫做「龐奇」，前任主人是一位英國皇家飛行軍官，還曾和主人一起坐上戰鬥機出任務，這位飛行員卻在一次任務中離世，傷心的妻子將狗賣掉，於是被巴頓將軍的士兵買回來，龐奇就這樣和命中注定的巴頓將軍相遇，龐奇改名為威利，成為巴頓將軍軍旅生涯重要的狗伴侶。巴頓曾經在日記中寫到：「我的牛頭㹴看到我就像鴨子看到水一樣歡喜，才十五個月大，牠全身白，只有尾巴有一小部分棕色，看上去就像上廁所忘了擦屁股一樣。」

從此威利跟隨巴頓進入軍事要地，如盟軍盧森堡總部、諾曼第登陸作戰時，他們如影隨形，甚至在休兵時期巴頓會和威利一起睡在他的裝甲車裡。巴頓還為牠製作軍犬吊牌，並為牠舉辦過生日聚會。

那時巴頓的士兵比爾・莫爾丁（Bill Mauldin）創作了一本軍旅漫畫《威利和喬》，在軍中大受歡迎，卻引來巴頓不滿，莫爾丁被巴頓叫至辦公室訓斥，莫爾丁回憶道：「那時威利就坐在辦公室的大椅子上，和巴頓將軍一起狠狠的瞪著我，牠就像是另一個巴頓將軍，只差沒有將星和綬帶，我迎接了四道惡毒的眼神，」

但好景不常，一九四五年十二月，巴頓將軍在德國被一輛卡車撞上導致下半身癱瘓，沒多久撒手人寰，可憐的威利躺在主人的遺物旁面容哀戚，似乎在以牠的方式深深哀悼，令人相當不捨。其後牠和巴頓先生的妻子家人一起同住，直到一九五五年離世，但最終沒有和主人葬在一起，而是葬在家中一個私人的寵物基地。

巴頓將軍紀念館前的紀念雕像。

犬界消息

如果你有看過日本漫畫《家有賤狗》，那隻可愛又
調皮的賤狗，正是牛頭㹴。牛頭㹴是由鬥牛犬與㹴
犬交配而產生的品種，原先被培育為鬥犬，後來才
逐漸轉變為伴侶犬。

061 西鄉隆盛與狗

愛狗成癡的幕府大英雄。

　　西鄉隆盛是日本最受歡迎的幕末歷史人物，人氣不輸坂本龍馬，生性浪漫又具同理心，他參與藩政，也是明治維新重要的推手，與大久保利通、木戶孝允共譽為「維新三傑」，之後因為和當時政府主張不同而引退，人們稱他是「最後的真正武士」。這個驍勇善戰的勇士愛狗如癡，據說維新之後許多大臣都納了三妻四妾，西鄉也笑說自己納了兩個，結果是兩隻可愛的母薩摩犬，在東京的上野恩賜公園就可以看到創作者高村光雲讓西鄉牽著薩摩犬的雕塑，是一個充滿溫情的景象。

　　這位幕末時期的薩摩藩士，無論在東京、京都、鹿兒島的家中都有狗的畫作及畫飾。此外，幕末時期京都危機四伏，西鄉在京都飼養一隻名為「寅（とら）」的蘭犬，隨伺在側保護他，與朋友吃飯聚會也會讓寅上榻一起用餐。一八七三年西鄉因為「征韓論」被推翻，帶著熊吉、市、彌太郎、長四郎四個人，以及六條狗一同歸隱鄉林。平日帶著愛犬散步狩獵，調養生息，生活悠閒快意，他就像一個淡泊名利的政客。明治九年（一八七六年），那時《東京曙新聞》還報導了西鄉的消息，說他身穿飛白棉布羽織短外褂與木屐，頭髮散亂穿梭在山林之間，身邊有兩三隻狗相伴。而西鄉與狗在鹿兒島的身影曾經被畫師服部英龍所看見並描繪出來，如今在鹿兒島市立美術館和鹿兒島縣霧島市國分鄉士都可以一賭風采。

　　西鄉的堂弟大山巖曾經寄狗狗項圈的樣品給他，西鄉為此還回信細細的講述到：「謝謝你寄狗狗的樣品給我，但是如果能把尺寸加長三吋、加寬五吋，再多做四五個給我就再好不過了。」由此可見他對狗狗喜愛的程度。飼養過的狗狗中，名叫俊的薩摩犬及名為叫寅的蘭犬較為人所知，其他還有一同打獵的朋友送他專門獵雞的狗。養狗對西鄉來說不僅僅是做伴，當時政局動盪，若是遇上壞人，狗可以當先鋒抵擋一陣子，因此像薩摩犬這樣體型壯碩並性格兇猛的狗狗就相當適合養來保護主人。

位在東京上野公園的西鄉隆盛和他的愛犬銅像。

犬界消息

薩摩犬與薩摩耶犬，名字近似，來歷卻大不相同。
薩摩犬是日本犬，當時主要分布在日本鹿兒島，而
薩摩耶犬則是來自俄羅斯西伯利亞原住民培育的犬
種，屬於狐狸犬及雪橇犬，兩隻狗狗的差異極大。

062

羅斯福與法拉

與第一家庭形影不離的愛犬。

美國總統富蘭克林・D・羅斯福被列為史上最偉大的美國總統之一，與亞伯拉罕・林肯和喬治・華盛頓並列。而愛犬法拉（Fala）則是羅斯福最愛的寵物，牠是第一家庭的第一寵物，和總統一家人相處融洽，與羅斯福更是形影不離，他們相遇在一九四〇年，那時法拉還不到一歲，牠深深抓住羅斯福的心，為他的生活帶來無限樂趣，一直到一九四五年羅斯福病逝，之後過了七年，法拉在一九五二年四月五日離世，就葬在離主人墓地不遠的斯普林伍德莊園的玫瑰園中。

法拉是一隻蘇格蘭㹴犬，原來是羅斯福的表親瑪格麗特・蘇克萊所有，當時的名字是大男孩（big boy），在送給羅斯福之前，法拉接受了一些討主人歡心的小訓練，例如坐下、躍起和打滾。一九四〇年聖誕節前蘇克萊將法拉送給羅斯福，羅斯福將牠取名為「法拉希爾的不法之徒莫瑞」（Murray the Outlaw of Falahill），簡稱法拉，那原是一個蘇格蘭古人的綽號。聰明活潑的法拉進入第一家庭後，很快得到寵愛，有次自己找到廚房並在裏頭大快朵頤吃壞了肚子，為此羅斯福下令以後法拉的三餐只有他可以餵食，深怕這個小傢伙又因為貪吃而生病。

法拉待在白宮的日子，就像是羅斯福的隨從一般，總是睡在餐廳門口，據說那裏可以看見兩邊的出口，只要主人一出現牠就可以立即加入隊伍，成為最吸睛的狗保鑣，羅斯福一家人出遊也總帶著法拉，例如位在紐約州海德公園的老家斯普林伍德莊園，或是羅斯福最喜歡的喬治亞州沃姆斯普林斯的小白宮。無論飛行或是火車旅行，法拉都是空軍一號及特製的費迪南德麥哲倫車廂的座上賓。各大重要場合都少不了牠，其中最著名的包含見證了在魁北克簽署大西洋憲章及羅斯福與墨西哥總統曼努埃爾・卡馬喬的會談。

在羅斯福離世的那天，原本安靜的法拉驚聲尖叫，自己撞破屋內的紗窗，跑到屋外山頭孤零零的站著不動，似乎在用自己的方式送主人最後一程，所有人都感受到牠的忠誠。

THEY (WHO) SEEK TO ESTABLISH
SYSTEMS OF GOVERNMENT BASED ON
THE REGIMENTATION OF ALL HUMAN
BEINGS BY A HANDFUL OF INDIVIDUAL
RULERS... CALL THIS A NEW ORDER.
IT IS NOT NEW AND IT IS NOT ORDER.

法拉與羅斯福總是形影不離。

犬界消息

作為在白宮生活的狗狗，法拉自然成為全美國最著
名的狗狗，甚至有人專門為法拉製作紀錄片，吸引
不少粉絲寄信，連白宮都需要安排一位秘書專門為
法拉回信。

063

第一寵物狗

維持第一家庭的好形象，邀寵物入住白宮。

　　第一寵物狗顧名思義就是由總統所飼養的寵物，這個「美國總統養寵物」的慣例緣自美國第二任總統亞當斯，此後歷任的美國總統幾乎都有養寵物。當選後的總統帶著一家人入住白宮，第一家庭的形象通常都會伴隨著與寵物一起，大多以貓或狗為主，對動物的關懷與日常相處，已成為第一家庭的既定形象，也有助於塑立總統的個人魅力。這些寵物有些原先就是總統們家中的一員、有些則是外賓贈與，但都是白宮最吸睛的明星犬。

　　美國第二任總統亞當斯所飼養兩隻狗，是混種的朱諾、撒旦，牠們也是第一批能在白宮草皮自由奔跑的狗狗。第六任總統亞當斯則是飼養鱷魚，並以看到外賓驚嚇的表情為樂。第二十六任總統羅斯福熱愛動物，在任職期間飼養多達三十種的寵物，包含貓、狗、兔子、飛鼠等，更有一條名叫艾蜜莉菠菜的蛇及叫約西亞的獾。第二十七任總統塔弗特則是飼養名叫寶琳‧韋恩的乳牛。寶琳‧韋恩有一大票粉絲，當時白宮還曾經擠出牠的牛奶贈給喜愛牠的廣大粉絲呢。第三十五任總統甘迺迪則是飼養名叫通心粉的迷你馬，女兒卡羅琳常坐在通心粉馬背上一起散步。第四十二任總統柯林頓擁有貓咪襪子和狗狗老兄，襪子黑白相間的萌樣一出場就殺死不少底片，直到一九九七年來了咖啡色拉不拉多犬老兄，白宮的天下便被這兩隻小可愛佔領了。第四十三任總統小布希出了名愛狗，他的愛犬是斯波特、巴尼、比茲利小姐，其中巴尼、比茲利小姐是當作禮物來到他身邊，常與小布希夫妻一起周遊各國。第四十四任美國總統歐巴馬的兩隻愛犬波、桑尼還曾被綁架犯恐嚇，讓歐巴馬擔心不已。第四十六任總統拜登同樣是愛狗人士，擁有兩隻德國牧羊犬狗狗冠軍、少校，都是備受關注的第一寵物。

　　足見養寵物可以使總統們的形象更加柔軟，同時讓生硬的白宮不僅是一棟冰冷、生硬的博物館，而更有家的感覺。

前美國總統歐巴馬的愛犬波在白宮草地。

犬界消息

提到第一寵物狗，絕對不能忘記英國女王與她的柯基，女王在十八歲擁有她第一隻柯基「蘇珊」以後，往後的八〇年間，先後養育了至少三〇隻蘇珊的後代，女王與柯基甚至被翻拍成動畫電影《女王的柯基》，從中可以看見女王愛犬如痴的形象。

泰王的狗

詆毀王室國犬遭判刑三十七年。

二〇一五年泰國國內動盪不安，泰王蒲美蓬地位崇高，任何褻瀆王室的舉動或言語都會被軍政府加以嚴查，那時一位年輕的修車工人斯里帕蓬（Thanakorn Siripaiboon），因為詆毀泰王鍾愛的狗通丹（Tongdaeng）而被逮捕，其罪名是觸犯「冒犯君主罪」（Lèse-majesté），遭求刑三十七年之久！這個諷刺泰王愛犬的平民百姓斯里帕蓬，原本以為只是單純在網路上開點玩笑，卻沒想到引起軍政府關注，就這樣莫名其妙的鋃鐺入獄。

這隻泰王相當寵愛的狗狗通丹，是泰王蒲美蓬於一九九八年從小巷中所救出，當時通丹岌岌可危並發出可憐嗚咽聲引起泰王注意，於是一夕之間從流浪狗成為備受王室喜愛的國犬，泰國的新聞媒體以「夫人」來尊稱牠。泰王甚至為牠寫了一本名為《通丹的故事》的小說，呼籲「以領養代替購買」，並致力解決流浪動物問題，減少國外進口動物，也讓通丹的影響力在國內逐漸擴大。二〇一五年十二月甚至有以通丹為主角的動畫《Khun Tongdaeng：The Inspiration》上映，這部斥資一億五千萬泰銖，超過台幣一億四千萬打造的電影，票房相當亮眼，是當週泰國票房第二名，足見通丹的人氣不只在王室，更風靡了全國上下。

通丹名字在泰文來說是棕色的意思，泰王在二〇〇二年為牠寫的《通丹的故事》曾提及：「通丹是一隻乖巧謙虛的狗狗，在泰王面前永遠保持恭敬的態度，就連泰王擁抱牠時，耳朵也是低垂不敢冒犯的樣子。」或許是感懷主人的恩惠，通丹極具靈性，一直乖巧聽話。據說通丹擁有巴辛吉犬的血統，而巴辛吉犬的起源可追溯到法老時期，以獵犬聞名，牠們生性溫和，舉止優雅從容，不愛吠叫，因此深受非洲貴族喜愛，在狩獵時就跟狼一樣相當沉著，因此常常成為狩獵場的常勝軍。

3 บาท
BAHT
๒๕๔๙ 2006

ประเทศไทย
THAILAND

ทองแดง TONGDAENG

泰王鍾愛的狗通丹。

犬界消息

現任泰國國王瑪哈‧瓦吉拉隆功與父親蒲美蓬的賢明形象不同,經常引起爭議,其中便曾將愛犬「福福」封為空軍上將,甚至還有專屬軍裝,但由於泰國設有「冒犯君主罪」,讓民眾不敢多加議論。

普丁與狗

狗外交第一把交椅，只有牠敢吼總統。

　　普丁是出名的愛狗人士，他的愛犬都是邦交國的感謝禮！普丁最愛的狗是俄羅斯國防部部長送給普丁的禮物，也是大眾最為熟知的狗「柯尼」，是隻體型壯碩的黑色拉不拉多犬。二〇一〇年的巴菲是加利亞首相送的保加利亞牧羊犬、二〇一二年的秋田犬小夢是日本為了感謝俄羅斯三一一震災的謝禮、二〇一七年的弗尼是土庫曼總統送的中亞牧羊犬、二〇一九年的帕沙是塞爾維亞總統武契奇挑的薩普蘭尼那克犬。送狗成了與普丁親近的手段之一，這位狗界的暖男至今已擁有五隻狗狗，所飼養的狗狗以大型犬為主，普丁會帶著牠們出席各種公開場合，眼中盡是柔情、十足的狗爸爸模樣。

　　而普丁最愛的柯尼是一隻黑色的拉不拉多母狗，二〇〇〇年成為家中的一份子之後，普丁常帶著牠出席軍事會議或其他公開場合，這隻溫馴的大狗佔據了這位國家巨人的心，普丁甚至曾說：「每當我心情不好時，就會向柯尼請教，牠總會給我很好的答案。」在許多貴賓和記者的場合裡，柯尼有時會被禁止跟隨普丁，這時牠會對普丁吠叫表示不滿，可以說是一隻膽色過人的狗狗呢。二〇〇三年普丁在索契會見白俄羅斯總統盧卡申科，科尼坐在地上陪伴他。二〇〇四科尼擺脫束縛，闖過層層關卡來到正在演說的普丁身邊。二〇〇六年科尼在新奧加廖沃官邸，歡迎當時的英國首相東尼‧布萊爾。有普丁的地方幾乎可以看見這隻黝黑的柯尼身影隨伺在側，說牠是最稱職的外交官或是護衛犬也不為過。

　　話說這隻一九九九年出生的小柯尼，原本要擔任俄羅斯聯邦緊急情況部諾金斯克搜救犬中心的搜救犬，卻因為機緣巧合成了國家的第一隻狗，科尼聽得懂普丁的簡單的命令，包括「躺下！」、「坐下！」、「過來！」、「上！」和「咬他！」，還有握手。據說普丁怕柯尼走失，在牠身上裝了個相當特別的裝置——一個有格洛納斯衛星系統的項圈！足見普丁對牠的寵愛遠甚其他愛犬。

普丁是出名的愛狗人士，其中最受他寵愛的柯尼的品種是拉不拉多犬。

犬界消息

備受寵愛的柯尼其實經常躍上新聞媒體，也對社會大眾帶來不少影響。在二〇〇四年，俄羅斯的兒童文學出版社（Detskaya Literatura）以柯尼為原型，出版《康妮的故事》（Connie's Stories），其中康妮正是柯尼的暱稱。另外，由於柯尼經常參與外交事務，《星火》雜誌（Ogoniok）更以一部連環漫畫，將柯尼化身成為普丁的外交顧問，諷刺意味十足。

066 希特勒的狗

永遠忠於你，被主人賜死的狗狗。

布隆迪（德語：Blondi）是阿道夫‧希特勒（Adolf Hitler）飼養的德國牧羊犬，由他的祕書馬丁‧鮑曼於一九四一年所贈，這隻狗獨享希特勒的寵愛。一直到一九四五年四月，希特勒在自殺的前一日，為了測試毒藥的效力而在布隆迪身上實驗，牠因此中毒身亡，令希特勒悲痛萬分。相傳希特勒特別鍾愛德國牧羊犬的原因是來自一九二一年，有位好友送了他一隻德國牧羊犬，但因當時無力飼養而轉送他人，這隻牧羊犬卻掙脫了束縛回到希特勒身邊，從此希特勒便認定了這個犬種有著異於常人的忠誠與真心。

和希特勒相處的時光，只有布隆迪能讓他神情溫柔，當希特勒轉移至帝國總理府花園地下城堡時，布隆迪還擁有能進出他寢室與他同眠的權力，這一點連他的情人伊娃‧布朗都忌妒，因此伊娃對布隆迪一點好感都沒有，她只喜歡自己的兩隻蘇格蘭㹴愛犬。聰明的布隆迪經過相當的訓練，會表演各種花樣討主人歡心，曾經在格拉斯的《剝洋蔥》中記載：「那不是普通的吠叫，是在歌唱。假如希特勒對牠說『來，唱好聽一點』，布隆迪真的會像桼拉‧倫德那樣唱。唱出不同調子，甚至唱出八個音階來。」

一九四五為了怕布隆迪寂寞，希特勒為牠找來一位情人：戈爾第‧特羅斯特（Gerdy Troost）的德國牧羊犬哈拉斯，布隆迪很快生下了五個寶寶，希特勒為其中一隻取名為「伍爾夫」（Wulf，原意為「狼」）並親自訓練牠。期望伍爾夫能和牠的名字「阿道夫」（德語：Adolf，原意為「高貴的狼」）一樣，尊貴並聰慧。

說起德國牧羊犬的歷史，其智商在狗界位居第三，相當聰明，體型高大，外觀威猛，活力十足，經常被賦予例如警察、護衛、搜索及拯救援助和軍事的任務，有時候也會擔任導盲犬的工作。第一次世界大戰期間，被德軍大量募集，作為軍犬使用。如今還有針對德國牧羊犬的比賽，由德國牧羊犬協會（簡稱 SV）所舉辦，這是一項極具專業與聲望的比賽，得獎的狗狗還會被編入史冊之中，相當榮耀。

希特勒認定德國牧羊犬有著異於常人的忠誠與真心。

犬界消息

工作犬也有世界級比賽！一個是世界畜犬聯盟（FCI），所有犬種都可以參與，另外一個就是世界狼犬聯盟（WUSV），這可就是專屬於德國牧羊犬的比賽了！

以狗為名的知名人士

雖然在很多國家的文化中被比擬成狗帶有貶意，但也有出名的人。

雞鳴狗盜、狗男女、落水狗等詞彙，在華人文化中，帶狗字的形容詞大多都帶有貶意，但也不是沒有以「走狗」自稱並引以為傲的人。明代書畫家徐渭，字文長，號青藤老人，畫藝狂放不羈、筆意奔放，以潑墨大寫意的畫法，成為「青藤」畫派始祖。清代著名畫家鄭板橋就非常崇拜徐渭在藝術上的造詣，《隨園詩話》記載，鄭板橋還特意刻「徐青藤門下走狗鄭燮」印，表示對徐渭的折服以及真誠追隨之意。

在西方也有不少知名歌手以狗為名，例如美國饒舌音樂教父，被尊稱為「狗爺」的史努比狗狗（Snoop Dogg），本名「小卡爾文・科多扎・布羅德斯（Calvin Cordozar Broadus Jr.）」，因為小時候很喜歡史努比，所以小名就被取為史努比狗狗，一九九二年以 Snoop Doggy Dogg 出道，在音樂創作的路上持續發展，成為知名音樂公司的製作人，更是擅於投資的經營企業家，擁有多種領域的專屬品牌。同時史努比狗狗也是愛狗藝人，曾有一口氣養了超過二十隻狗的紀錄，不過，關於他是不是動物權益推行者的議題一直受到質疑，主因是史努比狗狗會穿戴皮草製品，雖然近年他表示自己已經成為純素食者，穿戴的也是非動物皮毛製成的皮草，依然無法抑止質疑的聲浪。

二〇〇二年，古巴裔美國饒舌歌手阿曼多・克里斯蒂安・佩雷斯（Armando Christian Pérez），以「嘻哈鬥牛㹴（Pitbull）」作為藝名出道，他表示：「這種狗一旦開咬就絕不鬆口，笨到不懂什麼是認輸，而且牠們在戴德縣（阿曼多住的地區）是非法的，基本上就跟我一樣，只能永不停歇地戰鬥。」他的音樂作品跟很多藝人合作，在全球非常受歡迎，銷售數字也很亮眼，Youtube 上更有不少觀看次數破億的 MV，比較出名的有二〇一四年與珍妮佛・洛佩茲合作的巴西世界盃主題曲《We Are One（Ole Ola）》、與惡女凱莎合作的《Timber》、與馬克・安東尼合作的《Rain Over Me》（兩部 MV 的 Youtube 閱覽數都破十億人次）等作品。

美國饒舌音樂教父，被尊稱為「狗爺」的史努比狗狗。

犬界消息

除了歐美以外，亞洲世界其實不少名字也與狗狗有
關，例如日本就有姓氏為「犬養」，意思是「養狗
的人」，而中國也曾經有「狗」姓，漢朝有人就叫
做「狗未央」，但在宋朝以後就比較少見了。

068 巴夫洛夫的狗

利用狗與食物，發現新科學。

「巴夫洛夫的狗」用來形容一個人反應不經大腦思考，伊凡‧彼得羅維奇‧巴夫洛夫出生在馬克斯主義橫行的一九〇〇年代，因為對狗狗進行古典制約研究而出名，具有多種身分，包含生理學家、心理學家、醫師。曾在一九〇四年因為對消化系研究而獲得第四屆諾貝爾生理學或醫學獎。獲獎原因是他為生理學奠定重要的基礎，而且能廣泛的應用到其他領域，對人類生命歷程而言相當重要。

巴夫洛夫曾經就讀神學院，但因為對自然科學的喜愛而離開，一八七〇年進入聖彼得堡大學學習自然科學，一八七九年獲得博士學位，就學期間還獲得了金質獎章。一八九〇年巴夫洛夫開始進行狗的研究，起初只是想了解不同食物透過唾腺進到狗狗胃裡的變化，但他卻注意到食物送到狗狗面前時，狗狗就開始分泌唾液，於是他決定改變研究方向並稱這個實驗為「靈魂分泌液」。

一八九七年，巴夫洛夫將他累積了十二年的研究工作成果出版成《消化腺功能》（The Work of the Digestive Glands）。在書中他提出了幾項突破性的論點：如他透過手術成功發現，食物被狗狗吃掉後在未進入胃之前，能透過人造瘻管順利排出，證明了「嘴裡的食物對胃消化液分泌也存在調控機制」。另一個「精神因素所致消化腺分泌」（psychic secretion）的理論，則是食物不一定只在嘴巴才會引起胃液分泌，拿到眼前、聞到味道或聽到聲音，甚至是當下出現的人事物都會影響胃液分泌，這和消化系統沒有關係的間接因素，其實也可以成為直接因素。

另一個古典制約實驗也相當有名，他利用鈴聲來讓狗狗知道吃飯時間到了，用食物和鈴聲來建立一套制約模式，反覆操作後，只要一看到鈴鐺狗狗就會相當開心，消化液分泌量就會開始增加，因為吃飯時間到了！讓原本沒有連結性的事件建立互動關係（一為條件刺激，一為生理反應），這就是巴夫洛夫發現的古典制約理論。

巴夫洛夫與狗的研究奠定了古典制約理論。

犬界消息

提到實驗動物，在狗狗中，米格魯經常被當作實驗犬，負責測試化學藥劑、醫療藥物等，但相關法律保障卻不夠完善。國際上對實驗動物的最終處置是安樂死，但近年來有不同的聲音出現，積極推廣認養實驗犬，期望讓身體健康的狗狗們能有一個幸福的家。

069 住在桶子裡的哲學家

優游自在的犬儒主義，生活如狗狗般慵懶才是王道。

　　古希臘的四大學派分別為：犬儒主義學派、斯多葛學派、伊壁鳩魯學派、新柏拉圖學派。而犬儒主義學派提倡生活應是「返歸自然」，名利只是短暫浮雲，順應本心生活才是真正的人生意義，其理論一發表便引起廣大群眾嚮往，紅極一時。由於創始人安提西尼在希諾薩奇（Cynosarges）體育館授課，而Cynic在希臘語中是「狗」的意思，因此被喻為「犬儒主義」。另一位代表人物第歐根尼則因為住在木桶里的怪異行為，而成為更有名的犬儒主義者。

　　據說第歐根尼住在一個木桶裡，裡頭僅有一件斗篷、一根棍子、一個麵包袋。平日半裸著上身、赤著腳、滿臉凌亂鬍子，就像一個放蕩不羈的乞丐一般生活著，早上在公共噴泉邊洗臉，向路過的人們要塊麵包及橄欖果腹，再配上幾口身旁的泉水，一副悠然自得的模樣，但這樣的情境卻是在熱鬧的街道上發生，面對許多人的指指點點，第歐根尼倒是有恩說謝、有仇必報，完全不受世俗干擾，繼續過他的逍遙日子。有天受萬人景仰的亞歷山大也來看他，還問道：「我可以幫你什麼呢？」沒想到第歐根尼卻說：「走開，別擋住我的陽光！」所有的人聽到莫不驚訝萬分，但亞歷山大大帝卻感嘆地說了一句：「我若不是亞歷山大，我願是第歐根尼。」

　　就這樣日復一日的住在簡陋的木桶裡，生活就如同「狗」一般，其實為的是傳遞一種無牽無掛的生活方式，第歐根尼故意住在遊客絡繹不絕的雅典或科林斯，讓大家瞧瞧他生活在木桶裡自在的樣子，他其實是一個哲學家，向願意傾聽的人們傳教，並以戲劇、詩歌和散文的創作來闡述他的學說，漸漸地有了一群擁護他的弟子，連君王都羨慕的無金無銀、無憂無慮生活，其實才是他真正想要宣揚的道。被名利綁住的心是一種束縛，擺脫奢侈虛華，才能享受真正的自由。

土耳其的第歐根尼紀念碑：哲學家居住的桶和他的狗。

犬界消息

犬儒主義到了近代，似乎又有了不同意義上的轉變，近代的犬儒主義大多定義為否定別人的動機、質疑別人的意見，透過不相信來堅持自己的想法，因此也經常被視為是憤世嫉俗。

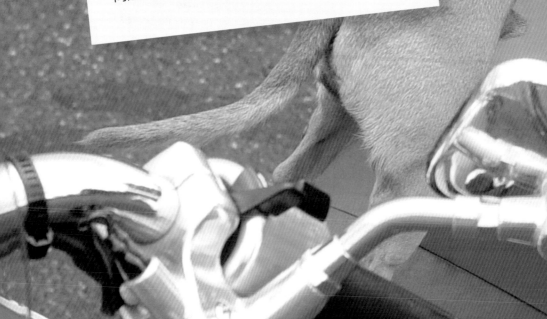

文化、藝術與狗

　　每個年代，每種文化藝術，每個故事都會有狗狗的蹤影。在許多歷史文物中，都可以發現，至少在數千年前，狗就已經出現在人類生活中，牠們可能是獵犬或玩伴。而事實上，不只是華夏文化，狗也是歐洲文化的重要元素之一，因而誕生出許多相關的文化產物。也正如著名作家卡夫卡所說：「所有的知識，一切的問題和答案都在狗的身上。」

巴斯克維爾的獵犬

家族的詛咒，逃不過惡犬的糾纏。

《巴斯克維爾的獵犬》（The Hound of the Baskervilles）是英國作家亞瑟·柯南·道爾（Arthur Conan Doyle）筆下有名的福爾摩斯系列小說中的其中一篇。兩百多年前，雨果·巴斯克維爾深深愛上農夫的女兒，卻因為得不到回應而綁架她，他將自己的靈魂交給惡魔，被一隻巨大的獒犬索命而死，因為祖先作惡多端，禍延子孫，巴斯克維爾家族後代皆因不明原因而死亡，椿椿懸案似乎都會出現一隻兇惡的獵犬，人們繪聲繪影稱牠作：「巴斯克維爾的獵犬。」

這是福爾摩斯系列的中篇故事的代表作，故事地點發生在英國西南部德文郡的達特穆爾，因為巴斯克維爾家族的詛咒讓歷代繼承人承受莫大恐懼，就在某一天，新的繼承者查爾斯·巴斯克維爾被發現陳屍在荒野小徑中，初判是心臟病發作，但疑雲重重，所有人都認為是恐怖的獒犬又再度出現，這起案件由福爾摩斯和華生負責調查，一一揭開了事情的真相，獵犬原來是查爾斯的小弟斯泰普頓所飼養，全身塗上磷光才會在暗夜中發亮，他為了家族遺產，用兇猛的獵犬殺害了自己的哥哥。

這椿懸疑又刺激的故事在一九〇一年八月連載至隔年四月，刊登於 The Strand Magazine 中，還多次翻拍成電影和動畫，一九七〇年臺灣東方出版社還曾以《夜光怪獸》命名，是給孩子閱讀的簡易注音版。

創造福爾摩斯系列小說的作者亞瑟·柯南·道爾，是愛丁堡大學的醫學博士，而福爾摩斯這個角色正是他就學期間一位教授的雛形，雖是一位醫生但柯南·道爾更愛文學，常常沉浸在自編的故事中無法自拔，他會在懸疑劇情中加上醫學知識以及科學推理，並融合了心理病理、社會犯罪、地理、解剖、邏輯等知識，讓讀者閱讀起來不僅豐富有趣且暢快刺激，可說是一位學識淵博的創作者，後世更尊稱他為「偵探小說之父」。至今，也只有莫里斯·盧布朗（Mauruce Leblanc）筆下的怪盜亞森·羅蘋能與福爾摩斯一爭高下，各有各的擁護者，讓書迷們津津樂道。

SHERLOCK HOLMES & SIR HENRY
"THE HOUND OF THE BASKERVILLES"

英國一九九三年印有《巴斯克維爾的獵犬》的郵票。

犬界消息

《巴斯克維爾的獵犬》靈感來源來自理查德・卡貝爾（Richard Cabell）的傳聞，據說理查德愛好打獵，更有傳言說他謀殺了自己的妻子，在他去世之後，便有成群的惡犬幽魂朝著墳墓吠叫，可以說是《巴斯克維爾的獵犬》的故事雛形。

071 奧德賽

二十年後的久別重逢，一眼就認出主人的狗。

在荷馬史詩《奧德賽》裡，希臘英雄奧德修斯（於羅馬神話中稱作「尤里西斯」）有一隻非常忠心的狗名為「阿爾戈斯」，奧德修斯在十年特洛伊戰爭後，又顛沛流離了十年才喬裝返鄉，所有人都認不出他，唯獨阿爾戈斯一眼就認出主人，無奈當時奧德修斯無法和牠相認，只能含淚經過，已年邁的老狗也無法相迎，就這樣錯過了彼此，徒留悲傷。這是《奧德賽》故事中的一段插曲，從中可以得知奧德修斯與他的忠犬感情非常親密。

說起《奧德賽》的故事共有一千兩百多行，二十四卷，以倒敘的手法，從返家四十天前說起，講述了於特洛伊戰爭後，將士紛紛凱旋而歸，唯獨奧德修斯的艦隊因遇到海上風暴而飽受種種磨難，歷經十年驚心動魄的流浪冒險。途中奧德修斯因漂流至伊斯瑪洛斯島而折損了不少將士，而後又飄到了食蓮國，貪食忘憂果的將士不肯回家，奧德修斯一行人深受誘惑，後來更因為傷了海神波賽頓的兒子和祂結下樑子，還被女神卡呂普索軟禁，甚至下過陰曹地府問了自己的命運與前程。所幸不時受到雅典娜與宙斯的幫助，當遇上海神襲擊，千鈞一髮之際流落到埃克斯人的領地，那裡的國王、公主與族人聽了他的遭遇決定幫他，給了他一艘能辨別方向的船，才讓他平安回到家鄉伊塔卡。

只不過二十多年過去，回到家鄉早已人事全非，王公貴族覬覦著奧德修斯的皇位與妻子，不斷追求佩涅洛佩，奧德修斯運用他的聰明與機智，隱藏身分伺機和兒子相認後，剷除了求婚者與背叛者，也證明了妻子的忠貞，拿回屬於自己的國土與家人。這是一部奇幻又精彩的國王復仇記，多年未返家的國王除了家人國土外，他依然記得他的愛狗阿爾戈斯，蔚為一段佳話。

甚至在西元前八十二年打造的羅馬錢幣中，印有國王奧德修斯與忠狗阿爾戈斯在二十年後重逢的場面。相傳當時的錢幣官家族（Mamilius）號稱也是奧德修斯的後代，此銀幣就是當時的錢幣官 C. Mamilius Limetanus 所打造。

只有奧德修斯的愛犬阿爾戈斯能一眼認出十年不見的主人。

犬界消息

狗對古希臘人來說，是擔任狩獵及保衛家園的好夥
伴，因此如何挑選小狗也是一門學問，古希臘人會
將小狗帶離母狗身邊，並用浸過油的繩索圍在小狗
身邊，點火燃燒，並觀察母狗救出小狗的順序，越
早救出的就越有價值，這樣的方法在現在來看十分
殘忍。

072 伊凡‧屠格涅夫的狗論

以狗為筆下角色訴說正義，反農奴的文學家。

　　伊凡‧屠格涅夫（Ivan Turgenev），是十九世紀俄國批判現實主義作家，與托爾斯泰、杜思妥也夫斯基被稱為「俄羅斯文學三巨頭」。伊凡‧屠格涅夫出生在奧廖爾省一個貴族家庭，天資聰穎，十五歲就考進莫斯科大學，一年後轉入彼得堡大學學習經典著作、俄國文學和哲學，一八三八年前往柏林大學學習黑格爾哲學。屠格涅夫從小就厭惡農奴制度，大學時期的創作就展現了自由主義和人道精神，一八四七年為《現代人》雜誌撰稿，一八四七年到一八五二年間完成了《獵人筆記》，三十四歲的他，於書中暗諷農奴與地主關係，反農奴制的言論為他引來牢獄之災，在發表追悼果戈里文章時被捕，在獄中完成了反農奴制的短篇小說《木木》，文章中藉狗來隱喻農奴與地主之間的不公不義，此外，在後續的許多作品中都有狗的角色出現，以此隱喻對當時社會制度的批判。

　　由於自幼就目睹地主階級的兇殘專橫，因此屠格涅夫非常同情農民的悲慘處境，其作品常帶有抒情與社會性，並展現出真實的生活。在《獵人筆記》中，獵人帶著狗遊走於俄羅斯的風光之中，此作品讓屠格涅夫被譽「描寫大自然的聖手」，連托爾斯泰都讚其筆下的景緻栩栩如生，無人能敵。在《木木》裡農奴蓋拉新又聾又啞，而木木是蓋拉新撿回來的一隻小狗，卻因為惹怒了農奴主人而被蓋拉新活活淹死，傷心欲絕的蓋拉新最後逃回家鄉。在散文詩《狗》裡，主人和狗狗一同面臨一場狂風暴雨，此時人和狗平等地注視著，他們是彼此的依靠和堡壘，擁有一樣的恐懼，但不退卻。在散文《麻雀》裡，在狗齜牙裂嘴前，老麻雀猛撲下來保護幼雀，那隻小小的、英勇的鳥兒，讓狗兒驚慌失措，於是愛戰勝了恐懼。

　　除了與狗相關的作品外，屠格涅夫其他著作包含長篇小說《羅亭》、《貴族之家》、《前夜》、《父與子》、《處女地》，中篇小說《阿霞》、《初戀》等。他常年居住在法國巴黎，是享譽歐洲的文壇巨擘，一八八三年六十五歲時逝於巴黎，葬於彼得堡沃爾科夫公墓。

伊凡·屠格涅夫的《盖拉新和木木》。

073 桃太郎的狗

象徵忠誠的小白狗，勇敢打惡鬼。

桃太郎是日本家喻戶曉的民間傳說，在岡山地區成功討伐惡鬼溫羅，年紀輕輕的他帶著看似弱小的小白狗、小猴子、雉雞，一舉打敗眾多惡鬼，跌破一千人等眼鏡，故事中的小白狗機靈可愛，一直未被證實是哪一種狗，留給外界諸多揣測，更有票選小白狗品種比賽，其中杜賓犬、秋田犬、柴犬是最熱門的犬種。

說起桃太郎，故事大意上是一對老夫妻一直未有子嗣，有天老奶奶於河邊洗衣時撿回一顆大桃子，因為實在打不開，結果一劈之下裡頭居然蹦出一位小男孩，便為他取名「桃太郎」，調皮搗蛋的他長大後肩負打鬼的任務，不停鍛鍊自己，打算一人上路，然而勇敢善戰的他在路途上遇見了小白狗，無需任何利誘，彼此就成為了夥伴，亦象徵了狗的忠誠形象，其後才用好吃的糯米糰子收買了小猴子和雉雞，於是桃太郎有猴子的智慧成為他的軍師、有雉雞的勇氣幫他打頭陣，大夥成為信任的隊友，才能順利征服鬼怪。

然而這幾個看似弱小的動物如何能擊敗強敵呢？另有一說，其源來自十二地支的方位，位在東北（丑寅）的鬼門，與位在西南的申（猴子）、酉（雞）、戌（狗）相對，能彼此牽制。而寅代表著虎，因此鬼怪被打造成頭長兩隻角並身穿虎皮，甚是嚇人。不過桃太郎一行人總能善用自身長處，機智作戰，與鬼交鋒時一瞬間就滅了他們的氣勢。

而故事中的「桃」也占了重要的戲份，相傳日本神話「伊邪那岐與伊邪那美」就是以神聖的果實或斬妖的果實來稱頌它。另一個說法來自一位真實人物吉備津彥討伐惡鬼溫羅傳說，當時岡山區惡鬼當道，因此以桃太郎來比喻大將軍英勇剷除鬼怪的事跡，久而久之桃樹便成了封印鬼門的重要道具。此故事拍成電影及動畫後備受歡迎，至今在日本亦是爺爺奶奶最常講述給小孫子的鬼怪故事，口耳相傳，一代傳過一代。

日本岡山火車站前的桃太郎和他的朋友們——猴子、狗和野雞的雕像。

犬界消息

日本江戶時代，第五代將軍德川綱吉發佈的「生物憐憫令」，要求人民不得濫殺動物，尤其當時仍有吃狗肉的風氣，甚至會因為爭奪、偷竊狗而引起爭執，同時為避免野犬咬傷人民，因此特別注重犬隻的保護。不過，此舉在當時違背常民生活習慣，加上維護成本過高，最終以失敗收場，後世甚至譏諷德川綱吉為「犬公方」（狗將軍）。

074 靈犬萊西

翻山越嶺一二〇〇里，唯一的期盼是回到你身邊。

　　《靈犬萊西》（Lassie Come Home）是一部於一九四三年上映的動物影視作品，改編於艾瑞克‧莫布萊‧奈特（Eric Mowbray Knight）的兒童文學，一隻柯利牧羊犬萊西不辭千里返鄉尋主的故事，於一九四〇年出版，不久後便在一九四三年由米高梅公司拍成電影，由羅迪‧麥克道華爾（Roddy McDowall）擔綱主角與一隻飾演萊西、名為帕爾（Pal）的柯利牧羊犬共同演出，這隻原本只能憑空想像的萊西，真的活靈活現的出現電影場景中，因此小說和電影都相當受歡迎，陸續也有電視影集的拍攝，萊西的漂亮機智又忠心耿耿的形象至今仍深植人心，而《靈犬萊西》也成為家庭電影中最受親子喜愛的片子之一了。

　　故事發生在一九三〇年代英格蘭東北方的約克郡，小男孩喬擁有一隻漂亮又聰明的牧羊犬萊西，萊西每天都會飛奔去接喬放學，一起開心回家，但好景不常，因為家中經濟困難，男孩的父親將萊西送給公爵的女兒席拉，但思念喬的萊西經常不顧一切的逃跑，總在喬放學的時候出現，這讓喬的爸爸和公爵困擾不已，最後在爸爸的要求下，喬不得已對牠說：「你不再是我們家的狗了」，接著萊西就被送至遠至新蘇格蘭北部的城堡裡飼養，那裡離家有一二〇〇公里遠。

　　雖然席拉很喜歡萊西，但負責照顧萊西的管理員海恩斯卻對牠非常苛刻，思主心切的萊西決定離開這裡，展開一段未知的返家之旅。途中萊西必須穿越各種險境：陡峭的山谷、湍急的瀑布、危機四伏的森林，不畏艱難的牠走到腳掌流血，而鮮血驗證了萊西想要回家的決心。過程中遇見怪獸獵人、壞心農夫、捕狗人的追捕，萊西也都能運用智慧化險為夷，有時也能遇上好心人及伙伴的幫助。而牠秉持著不要與喬分開的信念，無論如何都要回到喬的身邊。

　　最後，平安歸來的萊西，和喬緊緊相擁，彼此說好這次絕對不要分開，這讓遠從新蘇格蘭北部尋找萊西的公爵和席拉感動不已，於是假裝萊西不是他們要尋找的狗狗，才讓這段尋親之旅圓滿畫下句點。

世界名著《靈犬萊西》就是聰明的牧羊犬。

犬界消息

靈犬萊西的故事深受大眾喜愛，不僅在一九四三年被翻拍成電影，甚至在一九五四年、一九九四年、二○○五年都曾被拿出來重新翻拍，而日本動畫公司也在一九九六年世界名作劇場系列第二十二部動畫作品推出《靈犬萊西》，可以知道萊西的魅力不管在什麼年代，都讓人無法抵擋。

075 綠野仙蹤

我不是故意的，不小心揭發真相的搗蛋鬼。

《綠野仙蹤》（The Wonderful Wizard of Oz，常用 The Wizard of Oz），是美國經典的童話故事，由李曼‧法蘭克‧鮑姆（Lyman Frank Baum）等作家所著，W‧W‧丹普西洛（William Wallace Denslow）繪製插圖。跟著女主角桃樂絲的狗狗名叫托托，牠是一隻灰色的蘇格蘭㹴，跑起來又快又敏捷，全身披滿濃密毛髮，用來抵禦寒氣，而豎立的耳朵和愛動的尾巴，格外惹人喜愛，個性活潑的牠因此有「小淘氣」的稱呼。

在《綠野仙蹤》的故事裡，托托扮演著相當靈動的角色，某天堪薩斯少女桃樂絲因為龍捲風連同房子與小狗被吹到了奧茲國，托托一路陪著桃樂絲，尋找回堪薩斯的返家之路，在前往黃金大道的路途中，桃樂絲救了被吊在柱子上的稻草人，用一罐油讓生繡的機器人恢復活動，並且鼓勵懦弱的獅子加入他們，就這樣一行人出發去翡翠城尋找能實現願望的魔法師，在完成魔法師的任務後，壞心的魔法師用穀糠和大頭針給稻草人做大腦，給了鐵皮人一顆絲綢做的心，給獅子一種勇氣的魔藥，沒想到弄假成真，相信魔法的大家真的擁有了聰明的腦袋、善良的心與無比的勇氣，經歷了這趟冒險，桃樂絲與大家成為共患難的朋友。

然而這個故事的轉折點也是因為托托，因為牠不小心撞倒了隱藏魔法師的屏風，才讓大家發現魔法師的祕密。原來他只是一個很久以前乘著熱氣球來到這裡的奧馬哈人，所有的一切都是他虛幻捏造的，才沒有真的大腦、真的心、真的勇氣呢，之所會成功，全是因為桃樂絲一行人對魔法師力量的信任，這些無用的物品真的讓他們夢想成真。故事的最後，稻草人去了翡翠城，鐵皮人去了溫基國，獅子回到了森林，桃樂絲和托托也平安回到堪薩斯。這是一個追尋勇氣、善良和智慧的歷險故事。

"You ought to be ashamed of yourself!"

在《綠野仙蹤》裡，狗狗托托是關鍵的角色。

犬界消息

蘇格蘭㹴在早期經常被培訓為捕捉老鼠和水獺的工作犬，雖然有些人會把牠誤認為雪納瑞，但兩種其實是不同的狗狗喔！

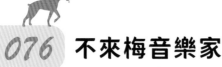

076 不來梅音樂家

就算你一無是處，還是可以到不來梅當個音樂家。

　　到德國參觀不來梅市的市政廳時，一定會看到知名的《不來梅音樂家（Die Bremer Stadtmusikanten）》雕像，分別由驢子、狗、貓和雞疊羅漢而成。

　　不來梅音樂家的故事出自德國民間童話，後來收錄至《格林童話》。故事中驢子因為年紀太大無法正常工作，所以主人想宰殺牠，至少還能當肉吃，因此牠逃了出來，路上意外遇見狗、貓與雞，牠們也都是因為年紀太大，差一點成為原先主人的刀下亡魂，後來四隻動物發現牠們各自都有音樂天分，因此決定一起到不來梅做音樂家。在路上，牠們發現一間住著強盜的小屋，於是四隻動物疊羅漢，希望能以音樂表演換來一頓飽餐。可是強盜們因為突然出現的噪音與屋外四隻動物疊羅漢的奇特黑影嚇到逃跑了，所以四隻動物就自己進屋休息。晚上強盜們又偷偷回來想一探究竟，卻在昏暗的屋子裡被休息中的四隻動物驚嚇到，誤以為遭到惡魔與女巫攻擊，從此不敢再回來，於是四隻動物就順理成章霸佔小屋，和樂融融的在小屋裡度過愉快的生活。

　　這個故事有兩個不同的含意解釋，第一個是以動物的角色諷刺資本主義造就的階級制度，動物們在原主人指使下工作過度、年齡也逐漸不再適合勞動後，竟然差點被宰殺，就像階層高的人把階層低的人的價值壓榨到最後一點一滴一樣，但是只要階層低的人願意反抗，凝聚力量，就有機會實現看似不可能的目標，重新找回生存的價值。其二是諷刺當時的不來梅文化水準太低，就算是驢子、狗、貓、雞等動物都可以在那邊當音樂家。不過，即使這個故事有點諷刺不來梅的意味，當地居民還是很喜歡這四隻動物，不但把四隻動物選為城市代表，設立了四隻動物疊羅漢的紀念銅像，甚至把行人號誌燈裡的小綠人全都改成四隻動物疊羅漢的圖樣，當然，連送給姊妹市的紀念銅像也多以四隻動物疊羅漢為主。

有音樂天分的動物們，決定到不來梅做音樂家。

犬界消息

不來梅市政廳的《不來梅音樂家》雕像，據說只要
碰觸驢子的前蹄就能帶來好運，不少遊客都會特地
前往合影留念呢！

077 龍龍與忠狗

接受自己的命運，悲傷的現實童話。

　　《龍龍與忠狗》是一部有名的日本動畫，自一九七五年一月五日播至同年十二月二十八日，共五十二集，由日本動畫公司製作，為「世界名作劇場」系列中第一部的作品。原作是英國小說家韋達（Ouida）在一八七二年所發表的《法蘭德斯之犬》（A Dog of Flanders）。這是一部悲傷的童話故事，讀來令人唏噓，但隨著年齡增長竟能從這部故事中領悟到許多人生哲理，很值得大人小孩觀賞與閱讀。

　　故事大意是一位十五歲的少年名叫龍龍，他與爺爺相依為命，有一天撿到了遭地主丟棄的狗狗阿忠，阿忠之後成了龍龍最要好的朋友，每天龍龍和阿忠會將牛奶運到城裡去賣，生活清苦卻快樂。龍龍最大的夢想是成為當時比利時巨匠魯本斯一樣的畫家，但是當爺爺去世之後，龍龍被房東趕出家門，連參加的繪畫比賽都因為獎項內定而落榜，窮困潦倒的他還好一直有阿忠的陪伴。而就在龍龍和阿忠飢寒交迫之際，龍龍帶著阿忠來到大教堂，他想再看一眼魯本斯的畫作，但在黑暗的教堂裡，他掀開了畫布也無法看清作品，但這時候奇蹟發生了，大雪停了下來，月光從窗戶穿透至教堂裡映照在畫作上，龍龍終於看見心心念念的魯本斯大作，開心的告訴主說：「主啊，這樣我就心滿意足了。」雖然結局是悲傷的，但是仔細想想龍龍是含笑而去的，他坦然接受了自己的命運，並極其感恩上帝實現他最後的心願。

　　除了改編成日本動畫大受歡迎之外，好萊塢從一九一四年開始，陸續於一九三五年、一九六〇年、一九九九年都推出同名電影。電影裡的狗狗阿忠是一隻法蘭德斯畜牧犬（Bouvier Des Flandres），長相看起來粗曠，個性卻相當溫和且忠誠，很適合當伴侶犬，因為勇敢友善，不僅僅能夠做畜牧的工作，在第一次世界大戰中還曾擔任過傳訊及尋找傷兵的工作。

　　　　　　　　　　　　　　　　lindasky76/www.shutterstock.com

比利時安特衛普聖母大教堂前的龍龍與忠狗雕塑。

犬界消息

日本動畫公司製作的《龍龍與忠狗》最後一幕的場
景，經常被當作悲劇性動畫作品的代表，播映後仍
維持很長一段時間的討論度。

078

哮天犬

戰力超強，能撲倒孫悟空，二郎神的英勇神獸。

　　哮天犬在中國神話中無人不知、無人不曉，最早出現於干寶《搜神記》，在中國民間傳説「劉沉香華山救母」中，哮天犬就是擔任看守犬，不讓劉沉香劈華山。而在西遊記中，牠曾出現兩次，一回撲倒孫悟空，另一回制服九頭蟲，牠總是能在二郎神危難之際成功救主，可説是二郎神身邊的超級神獸。英勇善戰的牠跟隨將軍斬妖除魔，還曾在封神演義中屢次助攻成功，是二郎神不可或缺的左右手。

　　相傳二郎神成仙前居住在灌江口，年幼就開始修行，某天下著大雨，二郎神遇見了流浪在外的哮天犬，叼著食物跑進廟裡，並將食物恭敬地放於神像前，四肢收起匍匐於神前，彷彿跪拜一般，二郎神覺得牠頗有靈性，念其有緣，三渡犬於草莽之中，教牠修身之術，之後成為愛犬收在身邊，並和逆天鷹一起成為他的家人與最佳夥伴。

　　在封神演義裡有記載：「神犬名來號細腰，形如白象勢如梟」，若以當時的切音法來發音如「細腰──哮」，於是就稱作「哮犬」，流傳至今成為「哮天犬」。因此大家都説其原型是中華細犬（中國細犬），是很古老的狩獵犬種，如上所述細犬頭小腿長腰細，與獵豹或靈緹犬相似，屬於流線型的身材，速度可媲美獵豹達每小時六十公里。 由於耐力和靈活度很高，善於捕捉野兔、狐狸、獾、貉及野雞等。

　　曾有一説，相傳神獸哮天犬有天私自下凡作亂，遭呂洞賓以法寶收降，後來呂洞賓擔心牠困於其中化成灰，心生慈憫，於是將牠放出來，結果反被哮天犬趁機咬了一口。後來，人們就用「狗咬呂洞賓，不識好人心」來比喻一個人恩將仇報。近年來，由於日本動漫文化興起，哮天犬也時常成為二創的角色出現在動漫作品中，也是各種幻想遊戲類型常見的神獸角色，所以有各式各樣的造型誕生，包含蒸氣龐克、幻想美型、擬人擬物等等，可以説是神話世界中，能見度與受歡迎度僅次於虎爺的神獸角色。

據說哮天犬的原形是古老的中華細犬。

犬界消息

寵物也能拜拜求平安！臺南佳里番仔寮應元宮供奉「天狗將軍」哮天犬，信眾可以為毛小孩到這裡拜拜，祈求保佑，廟方也準備寵物零食，讓信眾參拜完、添油香後給毛小孩「呷乎平安」。

079

狗頭人

原本是神話中的精靈，近代逐漸轉型為電玩作品中常見的角色。

狗頭人（Kobold）原本指的是歐洲神話裡的一種精靈或侏儒，在日耳曼神話與德國民間故事中都可以看到他們的出現。最早期的狗頭人是類人形角色，而且也被賦予家庭精靈的身份，甚至有狗頭人信仰的存在。狗頭人可以以人、動物、或蠟燭等形式出現。直到近代，因為角色冒險遊戲興起，賦予其狗頭矮人的形象，逐漸成為一種新興角色。

上述提到，狗頭人是家庭精靈，所以和人們的相處非常密切，個性也很人性化，有的狗頭人很害羞，當身邊有人時會隱身，但有的就很熱情，會跟屋子裡的人交談及喝酒。有時他們會為家人帶來好運，還會幫忙做家事，但是如果受到忽視，就會惡作劇。

除此之外，在中國魏晉南北朝時期的志怪小說《搜神記》中，也有狗頭人的記載。書中出現的狗頭人名為「盤瓠（音同戶）」，又稱為葫蘆狗，據說是中國少數民族瑤族、畬族、輋族的祖先。傳說在高辛氏（五帝）皇朝時，皇宮有一位老婦人因為耳鳴就診，醫生從她耳中取出一隻五色小蟲，然後老婦人將其養在葫蘆中，結果第二天打開葫蘆，就看到小蟲長成一隻身上有五種顏色的狗，高辛氏對這隻狗非常喜愛，特別賜名為「盤瓠」。當時高辛氏與西戎正在互相征戰，高辛氏下令，若有人能取回敵國將領的首級，便可獲得豐厚的賞賜，並招為駙馬。結果盤瓠立刻衝出皇宮，幾天後就將敵方將領的首級啣回宮中。原本大臣們一致反對公主下嫁給盤瓠，但是公主堅持「王者重言，伯者重信，不可以女子微軀，而負明約於天下，國之禍也。」高辛氏雖無奈，也只能將公主嫁給盤瓠，一人一狗遂前往南山定居。在《中國童話》中還有介紹另一個版本：盤瓠告訴公主，只要將自己關在金鐘內七天七夜，便可以化身為人。前幾天都安然度過，但公主實在太過擔心，而在第六天晚上打開了金鐘，鐘內的盤瓠還剩頭部沒有變為人貌，於是就這樣成為狗頭人身的獸人。

最早期的狗頭人是類人形角色。

犬界消息

除了《搜神記》及《中國神話》以外，《山海經》中其實也曾提到狗頭人，在〈山海內經〉中記載：「犬封國曰犬戎國，狀如犬。有一女子，方跪進柸食。有文馬，縞身朱鬣，目若黃金，名曰吉量，乘之壽千歲。」

080 狛犬

成雙成對，神社裡的守門神獸。

　　狛犬（こまいぬ），是日本神社裡的守護獸，無角的獅子和有角的狛犬，外觀特徵有著獅頭、虎頭、獅髮、犀角、犬耳、龍身、犬爪、獅尾、犬尾。常會安置在寺廟入口兩邊或是本殿，有的面對坐著、有的背對寺廟正對來者一左一右坐著，如不動威風凜凜。兩尊神獸因為時代變遷從鐮倉時期開始簡化，到了昭和時期便成了沒有角的樣子，在外觀上已分辨不出兩者的樣貌，但仍會張開嘴巴，後來這兩尊神獸都通稱為狛犬。

　　狛犬相傳來自公元前三世紀的古印度，第一尊獅子雕像出現在「阿育王柱」的圓柱頂上，傳入中國後，他們是守護在佛兩側的石獅神將，其後石獅文化傳入高句驪，再傳入新羅，最後抵達日本，由於當時誤認為犬，於是稱「高麗犬」；高麗犬一詞最後演變成了「狛」（こま）這個漢字，誤打誤撞成了日本守護寺社的神獸。

　　關於獅子與狛犬的配置，不只在日本流傳，在中國和韓國也廣為人知，其中《禁祕抄》與《類聚雜要抄》有記載著獅子在左、狛犬在右的位置紀錄。而面對面的獅子與狛犬，則分為配置在神社右側，張著嘴巴的「阿形」和左側閉著嘴巴的「吽形」，這樣一開一閉的神獸在日本較為常見，與日本的仁王像相同，右方的金剛力士表情為開口，左方的金剛力士則為閉口，兩者皆反映日本的佛教觀。狛犬的材質也隨著不同時期有極大的改變，初期放置在屋內守護神佛時多用木製，後來移至屋外後大都使用石製，也有使用陶製或金屬製的石獅。如果想一窺其樣貌，可到奈良縣藥師寺的鎮守久岡八幡宮、滋賀縣的大寶神社、京都府高山寺、廣島縣嚴島神社、奈良縣東大寺南大門等處探訪一番。

　　特別的是，在日本神道中，只要是世間萬物令人敬畏及崇拜的均視為神，因此也將動物當作神使，常看見的包含稻荷神的狐、春日神的鹿、弁財天的蛇、毘沙門天的虎、摩利支天的豬、八幡神的鴿子等，都可視為神使。因此，各種幻化的「狛狐」、「狛虎」、「狛豬」都可稱作狛犬。

鎮守在日本金澤三間神社的狛犬。

犬界消息

其實在日本不同地區的狛犬，都會有不同的差異，
隨著時間的演進，逐漸發展出各地的特色。而臺灣
在日治時期，也因神社的建造，而曾經擁有過不少
狛犬喔！

081 地獄犬

看守冥界的惡犬，只進不准出。

　　地獄犬（Hellhound）在希臘神話中來自陰間地獄，是一隻會噴火的惡魔犬。據說牠們一身黑毛，雙眼泛著火紅或是黃光，移動速度如鬼魅般來去無蹤，彷彿是火的化身，能夠引起火災。牠們負責看守冥界的入口或是神奇的寶藏，追蹤迷失的靈魂，因此會出現在墓地附近。其他歐洲的傳說裡，也有幾個有名的地獄犬，如克爾柏洛斯、加姆，以及黑犬。

　　克爾柏洛斯（Cerberus）又稱塞伯拉斯，其名在希臘古語中有斑點或是黑暗中的惡魔之意，住在冥河岸邊，為冥王黑帝斯看守冥界大門，是守衛地獄的惡犬。相傳牠是眾妖之祖堤豐與蛇身女怪艾奇德娜所生，因此有多顆頭，尾巴如蛇，脖子上也有蛇盤繞著。在海希奧德的《神譜》中，曾說此犬有五十顆頭，相當恐怖，但後來演變為三顆頭，並經常出現在藝術品中，被通稱為地獄三頭犬。克爾柏洛斯只讓死者的靈魂通過冥界，但只進不能出，能從牠口中逃出來的人寥寥可數，最有名的包含阿耳戈英雄中的奧菲斯，他為了將妻子從冥界帶回，用美妙的歌聲誘使克爾柏洛斯入睡；而特洛伊英雄艾尼亞斯為了知曉自己的命運，引誘克爾柏洛斯吃下含有催眠草的餅；海克力士則是奉了歐律斯休斯的命令將這隻惡犬帶到人間，後來又將牠放回冥界，可以說是最英勇的戰士。

　　加姆（Garm）是出現在北歐神話的地獄犬，牠是「海姆冥界」的守護犬，體型巨大，僅次於最大的魔狼芬里爾（Fenrisulfr），全身如鮮血般火紅，住在永劫深淵格尼巴（Gnipahellir）裡，專吃善良的靈魂，也是一隻會吃掉神的怪獸，據說冥界女王海拉就把奧丁的兒子光明神當成食物送給加姆吃掉。另外牠也有能擊倒眾神的能力，曾經在毀滅性的災難諸神黃昏裡，加姆巨大的牙齒刺穿了戰神提爾（Tyr）的心臟，而提爾也掐斷了牠的咽喉，雙雙同歸於盡。

　　最後則是來自歐洲的黑犬，黑犬（Black dog）又稱黑妖犬，雙眼深紅並能噴射出火紅光，出沒在歐洲各地，身形如犢，牠的出現預告了死亡的來臨。

地獄犬從身頭演變為三顆頭，通稱為地獄三頭犬。

犬界消息

在英格蘭北部的民間傳說中，犬魔（Barghest）以巨大的黑犬身姿出現，據傳是幽靈或是妖精的一種，並代表著死亡的預兆，也可以算是地獄犬的一種。而在現代小說、故事或遊戲中，以Barghest為名的狗狗還為數不少呢！

希臘羅馬神話的黛安娜與獵犬

女神的守護者與開路先鋒。

黛安娜是希臘羅馬神話中的月亮女神、狩獵女神，也是太陽神阿波羅的姐姐，宙斯最寵愛的女兒。熱愛狩獵的黛安娜和阿波羅都是英勇善戰的好手，兩人常常上山下海一較高下。有天，祂向宙斯要求六個願望：「永保貞節」、「一把銀弓、銀箭及狩獵裝」、「一台銀色戰車」、「一群獵犬」、「歸祂統治的山林」、「陪伴祂出遊的仙女們」，這六個願望之中有多達五個和狩獵有關，足以證明這位女神熱愛馳騁於森林曠野中，是英姿颯爽的女中豪傑，祂的身邊總有許多獵犬相伴，那是專屬於祂的護衛隊，讓祂和一眾仙女外出打獵時能夠抵禦外敵干擾。

狩獵女神黛安娜氣質不凡，有著一股空靈清新的冷艷感，身材修長、頭戴一輪新月首飾，手持銀弓和銀箭，並擁有一台銀色戰車，守護祂的聖獸是鹿，聖物是檜木。在古希臘記載著祂是能馴服野獸的狩獵女神，因此身邊常聚集許多動物，例如熊、鹿、野豬、獵犬等。黛安娜時常帶著仙女們到森林裡狩獵，某一天在狩獵完與仙女沐浴時，闖進一位獵人阿克泰翁，黛安娜怕他到處宣揚說看見自己的胴體，盛怒之下將他變成一隻鹿，最後阿克泰翁成為他的獵人夥伴及獵犬的獵物，因此喪命，獵人因為一時貪圖美色為此付出悲慘的代價，而這故事正是出自羅馬詩人奧維德的《變形記》。

許多有名的畫家經由想像描繪出不少黛安娜狩獵的模樣，在義大利文藝復興巨匠提香《黛安娜與阿克泰翁》的畫作中就有對陌生獵人吼叫的獵犬。義大利畫家巴托尼在一七六一年繪製的《狩獵女神黛安娜》，畫中的黛安娜穿著一件紅裙與有著彩色翅膀的天使邱比特爭執著，身邊的獵犬非常專注看著祂們，獵犬也成了此畫的亮點。

那些隨伺在側的七隻獵犬，據說群起而上還能打敗獅子，牠們是忠心耿耿的守護犬，只要遇到主人有難就會挺身而出，因此黛安娜到哪裡都會帶著獵犬們，當祂要展開一趟狩獵之旅時，最前方的開路先鋒一定就是這些英勇的衛兵們。

在利沃夫橋中心的戴安娜和牠忠心的獵犬紀念雕像。

犬界消息

同樣作為神的獵犬的還有法利尼許，是凱爾特神話（Celtic mythology，為不列顛群島的神話體系）中太陽神魯格（Lugh）的夥伴，據傳只要是牠浸泡過的水，都可以變為美酒。

083 阿努比斯

木乃伊的監督者，陰間的審判者。

　　埃及人認為人死後會前往亡者之殿，在古埃及時期，阿努比斯就是著名的死亡之神，最初是冥界之王，但到了中王國時期，隨著對歐西里斯的崇拜，祂從冥王降為冥神，地位被歐西里斯所取代。這位胡狼頭神在埃及神話裡負責監督木乃伊的製作，在冥界卻是死後審判時的裁判官與執行者，亦是「天秤的守護者」。當亡者將自己的心臟放置天秤另一端，與正義女神瑪亞特的羽毛相比時，若心臟比象徵真理與秩序的羽毛重，代表亡者罪孽深重，將被怪物阿米特吞噬墮入地獄，大家都懼怕這個鱷魚頭、獅子上身、河馬下身的怪物，因此千方百計地討好阿努比斯。

　　阿努比斯其實是個古希臘語的名字，在古王國時期（c. 2686 BC – c. 2181 BC），是以聖書體「ınpw」發音，到了古王國時期晚期則以一個在高臺上的「胡狼」符號當代表，最後又稱作「Anapa」。祂的傳說有多種版本，其一是太陽神拉的兒子，其二在埃及神話中是奈芙蒂斯與丈夫賽特的兒子，其三在希臘詩人普魯塔克的創作《爭鬥》中是冥王歐西里斯的兒子。

　　祂守護法老王葬禮與棺木及墓地，和祂有關的稱謂均和幽冥喪葬相連，如「He who is upon his mountain」意喻站在墳山上的人，表示祂是守護亡靈的使者、「He who is in the place of embalming」意喻在不朽之地的人，表示祂監視著木乃伊的製作過程，也稱作是防腐者之神。在古埃及時期，首席防腐員會扮成阿努比斯的樣子全程監看著，他們深信這位通往冥界的神祇能庇護亡者平安抵達死後的世界。

　　阿努比斯流傳至今的樣貌是胡狼頭、黑臉人身、耳朵如犬豎立、手執長鞭，相當威嚴，而胡狼即豺狼，埃及人認為豺狼經常出沒墳地，專門偷食被淺埋的屍體，因此刻意將豺狼神祇化，希望祂能成為亡者的守護者而非侵入者。

古埃及稱阿努比斯是來世之神、冥界之神、墳墓之神。

犬界消息

阿努比斯的名字也曾經被用來強調語氣，在柏拉圖對話錄中，提到蘇格拉底經常這麼說：「以埃及之犬的名義發誓（by the dog of Egypt）」、「憑著神犬、埃及之神的名義發誓（by the dog, the god of the Egyptians）」等方式，間接提到阿努比斯。

084 上帝的狗

道明會秩序的象徵，狗狗咬著燃燒的火炬，帶著上帝的旨意而來。

道明會（Dominican Order，拉丁語則標示為 Ordo Praedicatorum，簡稱 O.P.，正式名稱為宣道兄弟會），天主教托缽修會的主要派別之一。特別的是，道明會的「Dominican」與拉丁語的「Domini canis」相關，而「Domini canis」正代表著「上帝的狗」的意思，因此與道明會有關的教堂、畫作之中，經常可以看到狗狗的身影，而牠們象徵著傳教士對上帝的虔誠，同時守護著正義與光明。

狗之於道明會，還有另外一個為人所知的傳說，相傳創立道明會的聖道明（San Domingo），母親原來是位不孕女子，在前往西羅斯修道院（Abbey at Silos）朝聖時，夢見她的子宮跳出了一隻狗，而牠正咬著燃燒的火炬，似乎要把世界點燃，也似乎為聖道明未來的傳教之路點亮了方向。

聖道明長大後，先是擔任奧斯馬大教堂的修士，到各地傳教，對抗異端和傳揚真理，但他發現，傳教士繁複鋪張的宗教禮節，甚至帶有權威的傳教方式，無法與民眾拉近距離，也無法抵抗異端，因此他認為，必須建立簡單的體制，並培養能向人民講道的聖職人員。

因此，聖道明在一二一六年獲得教宗書面同意，成立道明會，他們以聖母瑪利亞的《玫瑰經》為主要經典，並積極推廣，也讓它成為現今天主教普遍傳授的經典之一。此外，道明會的傳教士在外總是身著黑色斗篷，不同於方濟會的「灰衣修士」和聖衣會的「白衣修士」，因此有著「黑衣修士」的稱呼。他們受教宗認可，能夠主持當時負責偵查、審判和裁決異端的宗教裁判所，擁有維護信仰及鞏固教會權威的使命，但宗教裁判所也經常以宗教為名，進行不當的審判，也讓黑衣修士在當時染上了亦正亦邪的形象。

不過這一批能言善道的教師與傳教士，走進民間，成為中世紀托缽修會第二大派系，並自稱為主的獵犬，立志走遍歐洲，同時提倡學術討論，傳播哲學，也為當時的社會帶來極大的影響。

上帝的狗，位在烏克蘭教堂上的淺浮雕。

犬界消息

狗通常有著「忠心」的象徵意義，但是在穆斯林的
文化中，狗一度擁有「不潔」、「邪惡」的意涵，
主要是城市崛起後，工作犬的地位不再，加上狂犬
病的流行，在當時可以說是難解的疾病，也導致了
負面印象。

085 嬰兒的守護者

與蛇搏鬥，英勇殉道的狗狗。

一隻在十三世紀被基督教封聖的狗狗吉納福特（Guinefort），因為勇敢守護嬰兒而遭主人誤殺，主人感其恩惠，把牠葬在井底，還在旁種植樹木，為牠營造一處自然綠意的墓地風景。奇異的是，下葬不久後其墳墓出現了聖光異象，所以人們將牠當作是一名殉道者來膜拜，便將牠封為「守護嬰兒的聖人」，後來稱牠為聖吉納福特。

據説吉納福特與主人一家人住在維拉爾雷東布的城堡裡，有天主人與妻子外出辦事，並囑咐吉納福特好好守護嬰兒，不久後，機智敏感的牠發現有毒蛇想吃掉嬰兒，於是和毒蛇進行一場搏鬥，咬死了這隻毒蛇，此番大戰鮮血淋漓，也波及到嬰兒床邊，當女主人一進門便以為是吉納福特想要攻擊嬰兒，主人盛怒之下一劍殺了吉納福特，事後卻看見已死去的毒蛇與平安的嬰兒，萬分懊悔卻已徒然。這個英勇的事蹟流傳至今，婦女們還是會帶著孩子到聖吉納福特墓地朝聖，誠心膜拜牠，為孩子祈求平安。

這隻英勇的靈緹犬，是古老的犬種之一，原產地為中東地區，連在龐貝城的狗木乃伊中都曾出現過，身形瘦長，眼力好加上腳程飛快，時速可達每小時六十四公里，可説是最佳的視覺型狩獵犬。於中世紀時期經由波斯商船來到歐洲，成了貴族的玩賞犬，之後還成了飾章上的主角，連法國王室及英國亨利八世的盔飾上都能看見靈緹犬的頭像。此外，因為聰明機智、個性和善、聽話有規矩，非常喜歡小孩，靈緹犬常被人們視為犬伴侶，也是爸媽在篩選狗狗時最佳的選擇。

另一個聖吉納福特的故事則是與聖人聖洛克（St. Roch）有關，當時聖洛克為病人診治時不幸染上瘟疫，被驅趕至森林中，只有他的狗狗不離不棄陪在他的身邊，甚至每天為他帶來一塊麵包果腹，雖然後來聖洛克去世，狗狗被貴族收養，牠的精神依舊令人感佩，聖洛克也成了犬類的守護者，甚至還有聖洛克與聖吉納福特一起的雕塑，供世人瞻仰與緬懷。

守護嬰兒的狗狗是英勇的靈緹犬。

犬界消息

在《聖經》中提到的狗，大部分指的是「野狗」，經常代表著負面意涵。例如，馬太福音7:6提到，「不要把神聖之物丟給狗，也不要把你們的珍珠丟在豬面前，免得牠們用腳把這些踐踏了，然後轉身撕咬你們。」以狗、豬暗指汙穢不潔的人，和上面提到的狗夥伴相比，是不是很不一樣呢？

布拉格聖約翰與狗

鍍金的狗狗，摸三下讓你美夢成真。

　　來到捷克的首都布拉格，一定要到查理大橋走上一回，相傳和那裡的聖約翰・內波穆克（St. John Nepomuk）及寵物狗浮雕許願會帶來好運，還能跟想要合好的人破鏡重圓，這個歷史上並未記載的狗狗，不知為何被安排在聖約翰身旁，還被世人視為好運的象徵，因此不斷被觸摸，如今成了閃著金光的模樣，對比身旁青銅原色的聖約翰而言大相逕庭。另有一說，狗代表著忠誠，聖約翰當時因為不願意說出波西米亞皇后對神的告解而被當時的波希米亞國王瓦茨拉夫四世丟進河裡殉難，這樣的忠烈之舉用來和狗的象徵呼應，因此才有聖約翰與狗的傳說。

　　據說，瓦茨拉夫四世因為懷疑皇后有地下情人，而審問當時聆聽皇后告解的聖約翰，聖約翰出自對職業的忠誠而拒絕回答，國王一氣之下將他丟進河中，湍急的河流帶走了聖約翰，所有人都遍尋不著。相傳那天夜裡，有五顆星星聚集在他殞落之處。一九七二年耶穌會將他封為聖徒，於是聖約翰成了布拉格的幸運之星。而關於聖約翰和他的寵物狗的青銅像也於一六八三年建成，位在查理大橋的北側，他們常被群眾圍觀著許願，許多人到此地都是因為能摸出好運而來，因此這隻閃著金光的狗狗成了布拉格的觀光大使，不說話卻帶給各地人們一個憧憬的希望，寵物狗徵著忠誠和信念，撫摸小狗的頭，你就會得到好運、財富與原諒。

　　由於被大量的人們觸摸終會導致真跡損毀，這座聖約翰與狗狗的青銅雕像其實已經移進查理大橋博物館中，如果想要一窺真跡，可別錯過！

　　如今查理大橋是最受歡迎的觀光地，早期由有名的查理四世建構完成，橋上有組神祕的數字「135797531」，相傳這座橋常被伏爾塔瓦河洪水所損害，經年修整，有一年國王請來星象師算好良辰吉時，就是一三五七年九月七日五點三十一分，修整完畢後這座橋果然沒再遭受太大的破壞，成了國王心中永恆的橋樑，守護後世長達三世紀之久。

在聖約翰身旁的狗狗，因為不斷被觸摸，而閃閃發亮。

犬界消息

莫斯科地鐵「革命廣場站」中，設有許多以蘇聯時期人事物為主體的銅製雕像，據說只要碰碰名叫「穆赫塔」（Mukhtar）的狗的鼻子和腳掌，就能保佑考試順利，因此不少學生在考前都會跑來摸摸雕像，祈求大小考一切順遂。

087 尿尿小狗

比利時的尿尿文化，三座尿尿雕像。

比利時有個出名的尿尿文化景點，包含尿尿小童（Manneken Pis）、尿尿小妹（Jeanneke-Pis）以及尿尿小狗（Het Zinneke），其中以尿尿小童最為經典，堪稱是人氣地標，所有觀光客蜂擁而至，就是為了一睹這個身高約五十三公分的小孩在廣場上小解。之後當地的店家為了延續尿尿系列便打造了尿尿小妹，並以紅色欄杆圍住，而另外一處較偏遠的街區則有一個尿尿小狗，這三座雕像是比利時最著名的景點，人們都說沒有拍到就不算是來過比利時。

尿尿小童又可稱為撒尿小童，為何他會佇立在布魯塞爾大廣場裡四百多年呢？據說他看到火藥即將引發火災，情急之下用自己的尿來熄滅引信而拯救了整個城市的人，之後被封為「布魯塞爾第一公民」，為了紀念他英勇的行為，當地的人在原地為他建造了尿尿小童的雕像，時隔多年，如今成了比利時首都布魯塞爾的地標。從布魯塞爾大廣場沿著恆溫街散步三五分鐘，抵達橡樹街的路口轉角處，就可以看見這個可愛的尿尿小童。該城市會在特別節慶時為小童穿上特色的服裝，甚至所有來比利時的各國大使都會爭相送上一套衣服給他，因此這個小童已有超過七百套以上的衣服，真是令人羨慕，而這些多元文化的服裝都收藏在市區博物館中好好保存。

而在布魯塞爾大廣場的另一個方向，稍微走一下就能看到尿尿小妹，她出現在一九八〇年代，是當地餐館老闆為了倡導性別平等而建造出的小女孩，但也有人認為是為了吸引那些因為尿尿小童而來的觀光客所故意說的噱頭。尿尿小妹藏身在熱鬧的酒吧巷弄中，確實沾了尿尿小童的光，而吸引不少觀光客前來。

可愛的尿尿小狗（Zinneke Pis）則出現在一九九八年，正確的名字應該是Het Zinneke，位在最時髦的購物街轉角處，看牠大咧咧的在路邊撒尿，就像一隻自由自在的流浪狗。

尿尿小狗是比利時雕塑家湯姆‧弗爾岑（Tom Frantzen）所創作。

犬界消息

一座巨型鍍金的阿拉拜犬雕像，就座落在中亞的土庫曼首都。土庫曼領導人別爾德穆哈梅多夫是一個愛狗人士，不僅為當地具有國寶地位的阿拉拜犬出書、寫詩，甚至將四月最後一個星期日訂為國定假日，來傳頌他鍾愛的阿拉拜犬。

088 龐貝城的狗

被火山掩埋，無聲的痛苦，令人不捨的扭曲姿態。

赫赫有名的龐貝古城，當年維蘇威火山爆發，滾燙的岩漿來得突然，來不及逃出的人們及動物、生物，瞬間被火山灰埋葬，全身均裹上一層層厚重的火山灰，驚恐萬分的表情與扭曲的姿態至今仍可窺見，而這隻歷經了同樣痛楚的狗狗，被發現時拴在門上，也成了俑，經由石膏還原真容後，見牠四腳朝天、面色扭曲，彷彿一座看似無聲卻極其悲傷的雕像。雖然距離現在已經有千年的歷史，考古學家及各地觀光客依舊絡繹不絕，相信仍有極大的神祕面紗藏在地底深處。

一七四八年一位農民在自己的葡萄園中耕作，鋤頭挖到一塊巨石，卻怎麼也鑿不開，叫了家人來幫忙，扒開泥土和石塊後，赫然發現一個金屬櫃子，裡頭充滿各式各樣熔化、半熔化的金銀首飾及古錢幣，就此揭開了龐貝城的考古序幕。在挖掘的過程中，發現有很多洞口相連，卻又深不見底，於是考古學家以石灰加水弄成液體狀，灌到洞裡，等到凝固後，便揭開了當時的逃亡慘況及龐貝城社會的紙醉金迷。

龐貝城為古羅馬城市之一，位在義大利拿不勒斯灣（Gulf of Naples）維蘇威（Vesuvius）活火山的腳下，地震次數頻繁，因此居民大多不以為意，沒想到公元一世紀一個平常不過的日子，活火山劇烈爆發，短短十七分鐘全城覆滅，千年過後仍有三分之一不見天日！當時的龐貝城相當繁華，人們吃喝玩樂、奢糜放縱，而當時不僅街道寬敞，車水馬龍，豪宅社區林立，高門大戶中處處細磚精瓦，有著天井彩池，手繪紅牆，有錢人家都有奴僕伺候。而狗在當時也是一種權力與財富的象徵，在龐貝城的「悲劇詩人的房子」中，門口地板上有個精緻的鑲嵌畫，一隻帶著鐵鍊的狗，身邊寫著 cave canem（拉丁文為「當心那隻狗」）的標語，因此有人推測是為了防止到訪者踩到主人珍貴的寵物的警示牌。另外，一些富有的人家還會在家裡飼養惡犬，並在石板裡刻上：「當心惡犬」來彰顯主人的威望。

　　　　　　　　　　　　　　　　Anna Krivitskaya/www.shutterstock.com

在龐貝城發現因為火山爆發來不及逃脫，全身扭曲的狗狗。

犬界消息

為了保護龐貝城，專家們還特別聘請了一隻「機器狗」，負責在龐貝城巡邏，牠擁有360度的攝影機，也能協助繪製3D建模，讓考古學家能夠透過數據更了解遺跡的變化。

089 狗島

浪浪的天堂，陽光沙灘還有善心的人。

你能想像有人會包下一座島就只為無家可歸的狗狗們嗎？一個位在哥斯大黎加的狗島，每天志工們會帶著近千隻的狗狗在島上散步，當所有狗狗傾巢而出的場面非常壯觀。此島由一位創始人 Lya Battle 所資助，並廣邀人們一起認養與陪伴牠們，這位資助者說：「我看見流浪狗眼中的無助，想給牠們一個家，也歡迎任何愛牠們的人給牠們一個家。」

這座流浪狗之島（Territorio de Zaguates）年均溫二十三度，氣候宜人，四季陽光普照，依靠許多志工營運，不僅對外開放，也歡迎任何人來看看狗狗，與牠們共同嬉戲，在相處中若有機會遇到一隻投緣的狗狗，非常樂意你帶牠回家。

有別於侷限在鐵籠的動物看守所，在島上沒有安樂死，只有快樂與自由，狗島屬於開放空間，擁有寬闊的綠地，四處都能喝水，室內還安置了狗狗的床，也有提供可以洗澡的浴室以及吃飯的餐廳，算是很有規劃的流浪狗場域，說是流浪狗的天堂也不為過。

島內的狗狗幾乎都是米克斯，因為品種或外貌遭到遺棄，或是因為突發事故造成狗狗器官缺陷而被棄養，面對這些血統不純正或是身體不完整的狗狗們，Lya 反而打破迷思提出一句口號：「當你收養了一隻米克斯，就等於收養了一個專屬於你、獨有的品種。」在這裡，你或許會遇見阿拉斯加雪橇犬與金毛犬的混種，或是遇見神似泰迪和吉娃娃的後代，甚至更多獨一無二可愛的面孔。

由於悉心的照料，這些狗狗們都很溫和友善，不會打架鬧事，看似天堂的狗島所有花費來自創辦者和善心人捐助，在狗狗數量不減反增的情況下，唯一的辦法就是讓每隻狗狗找到屬於牠的家人，所有的關愛都沒有找到自己的家來的溫暖，因此負責看顧牠們的志工們，希望人們不要只求名貴的品種，來這裡看看牠們，和牠們共度一日，你會找到命中注定的伴侶犬。

一隻在站高處的狗島狗狗，是否也在尋找適合自己的主人？

犬界消息

養寵物之前，不妨思考看看「領養代替購買」，讓
沒有主人的毛小孩有一個機會擁有溫馨的家。

090 高飛狗與布魯托

是狗也是人，笨的可愛又滑稽。

　　高飛狗與布魯托是迪士尼經典卡通米奇與唐老鴨動畫中，一個詼諧的角色，天兵的高飛總是在劇情中表現出愚鈍的樣子，與不會說話、但一樣是狗狗形象的布魯托形成強烈對比。除了古靈精怪的主角米奇與聒噪的唐老鴨外，蠢蠢的高飛其實是故事的催化劑，在主角們賣力演出時，出奇不意來個捧腹大笑的舉動，或是扮演盡責的豬隊友，惹得看劇的觀眾會心一笑，是米老鼠卡通裡一個功不可沒的角色。

　　高飛的英文名字 Goofy 也被譯為愚笨、可笑，可見當時在塑造這個角色時，就是一個滑稽又傻大個的形象。一九三二年五月高飛在《米奇的時事諷刺劇》（Mickey's Revue）中初次登場，扮演不斷大笑的觀眾。他會直立行走，穿著衣服、帶著高帽及手套，懂得談戀愛，會交女朋友，就跟一般人一樣，在早期的迪士尼作品中，高飛雖然不聰明但是心地善良，擁有很多好朋友，他是米奇的忠實夥伴，也是一個麻煩精，總讓米奇幫他收拾爛攤子。不讓米奇及唐老鴨專美於前，一九九〇年迪士尼終於為高飛打造自己的影集，在《高飛家族（The Goofy Troop）》系列動畫中，他組成自己的家庭，獨自扶養兒子麥斯，父子一起度過歡樂的日常，後來還有《高飛家族》和《極限高飛》，都是描繪父子情的家庭卡通。

　　然而和高飛相對而生的布魯托就是一隻真的狗狗，其名字就是冥王星 Pluto，於一九三〇年出場，水汪大眼常吐著舌頭，身上是令人喜愛的土黃色毛髮，不會站著走、不穿衣服、不會說話，單純是米奇的寵物狗，也在一些短劇中充當醜小鴨和高飛的寵物。

　　這兩隻有名的狗的原型據說是尋血獵犬，尋血獵犬外型高大卻相當平易近人，由於生性活潑好動，想要飼養牠們除了有寬闊的環境之外，還要有能追上牠們的腳力。其靈敏的嗅覺也是世上數一數二，曾經有隻作為警犬的尋血獵犬，可以追蹤超過十四天的氣味，並長達二二〇公里之遠，牠發現的證據也被作為法庭呈堂證據，相當令人驚訝。

出現在德國美因菈的布魯托。

犬界消息

大型犬看起來威風凜凜，但是在養大型犬之前，記得衡量自身狀況，例如：確認家中是否有足夠的空間、是否有充裕的時間陪伴狗狗外出活動等，才不會讓你焦頭爛額，狗狗鬱鬱寡歡喔！

丁丁歷險記

年輕記者與忠狗，環遊世界冒險。

　　丁丁和米路是著名的漫畫《丁丁歷險記》裡的重要角色，丁丁是一名少年記者、米路（Milou）是他養的寵物狗、一隻剛毛獵狐㹴，這部作品是由一位比利時漫畫家艾爾吉（Hergè）所創作，故事靈感來自一位年僅十五歲的丹麥作家環遊世界的經歷與著作，至今仍是歐洲最受歡迎的漫畫之一，尤其在比利時、法國、荷蘭、丹麥和印度，這部卡通相當有人氣。艾爾吉曾經說過：「我就是丁丁。」而故事裡的小淘氣狗狗米路，據說是他年輕時女友的暱稱。

　　《丁丁歷險記》的作者艾爾吉，本名喬治·波斯貝·勒米（法語：Georges Prosper Remi），被譽為「近代歐洲漫畫之父」，也可說是比利時國寶級的漫畫家。一九二一年一月十日艾爾吉開始在比利時報紙上連載，當時勇敢逗趣的丁丁就獲得廣大粉絲的喜愛，於是艾爾吉全力投入創作丁丁這個角色，在他筆下的丁丁是一個聰明機智的年輕記者，在一系列二十四部漫畫作品中，故事充滿懸疑冒險與科學幻想，加上不失幽默的內容，讓人一下子就愛上，並且倡導和平主義、人道精神等概念，這些反戰主義深具啟發，即使已有多年歷史仍能暢銷多國。

　　而和丁丁一起的冒險的米路（Milou），英文又稱作白雪（Snowy），總是很忠誠的跟在他身邊，遇到危難還會挺身而出，跟主人一樣是一隻非常勇敢的剛毛獵狐㹴，兩個一起完成了許多艱難的任務，牠可說是丁丁的最佳夥伴和戰友。其實剛毛獵狐㹴誕生在十九世紀，是人們為了狩獵而培養出的狩獵犬，性格開朗、警惕、熱情，而且有非常強的保護能力，由於天生的狩獵本能因此較為好動，需要給牠一定的時間消耗體力，否則會憋出病來。以這個犬種化身丁丁歷險記的米路一角最適合不過了，每當有案子發生，米路就像一隻人性化的小狗，能夠通過動作和表情與丁丁對話，感覺得出牠精力旺盛、樂在其中，相當享受和主人一起打擊犯罪、揭開黑暗面。

丁丁歷險記的故事充滿懸疑冒險與科學幻想。

犬界消息

《丁丁歷險記》在二〇一一年由史蒂芬·史匹柏擔任導演，改編為動畫電影，並在在第六十九屆金球獎獲得「最佳動畫」的殊榮。

092 老皮

富含人生哲理，尋找人生光明的一趟冒險。

《探險活寶》裡的人氣角色老皮，是由潘得頓・沃德（Pendleton Ward）所創作、約翰・迪・瑪吉歐（John William DiMaggio）配音的美國動畫影集，主角包含愛探險的青少年阿寶與老皮，他們生活在「蘑菇戰爭」結束約一千年後的哇賽祕境裡，阿寶樂於幫助他人，他將金髮藏在一頂白色的頭套裡，而這也成為他的特徵。老皮的體型則是可以隨意變大縮小，他滿臉皺褶，黃皮膚、雙耳下垂，若依照「魔法狗族」的定義，已經三十幾歲。

這部影集長達十季，從老皮出生，歷經青春年少演繹到膝下有兒孫，故事情節也從地球到外太空，是老皮和阿寶展開一連串的奇異冒險，《探險活寶》每一集通常都是十一分鐘，第一季到第四季的集數為二十六集，第五季則來到五十二集，二〇一三年還創下每週有大約兩三百萬人收看的佳績，可見人氣之旺。《探險活寶》陸續出到第十季，總集數為兩百八十三集作結，可以說是伴隨孩子成長的冒險卡通。

老皮的原型從樣貌看來很明顯是鬥牛犬，穿著的透明緊身褲是蜘蛛精靈所製，有著變形與伸縮的能力，更有著靈敏的嗅覺，這和他的身世之謎有關：有次皮老爹在與皮老媽調查外星人任務中被一隻變形獸所咬，皮老爹頭上的傷口逐漸形成一個包，後來蹦出一顆蛋孵化成老皮，因此他擁有如同變形獸一樣的特性。接著弟弟傑梅因出生，彼此成為兄弟，他是弟弟最厲害的保鑣。而阿寶是老皮的室友，一起冒險闖蕩；小甜甜是老皮的搭檔，兩人同是職業罪犯夥伴，直到退休才改邪歸正。彩虹姐姐則是老皮的妻子，兩人在中提琴課上一見鍾情，育有五個孩子。這個生性悠閒的黃狗，平時看起來事不關己，喜歡悠遊自在的生活，其實相當熱愛冒險與戰鬥，在幾個精彩的劇情中便能看出，哪裡有熱鬧就往哪裡去，一刻都不得閒。

而這部影集由於正向有趣，因此獲獎無數，其中包括三個安妮獎、八個黃金時段艾美獎、兩個英國學院兒童獎，以及一個皮博迪獎和 Kerrang！音樂獎；其外傳漫畫也獲得一項艾斯納獎和兩項哈維獎。

出現在紐約市的探險活寶巨型創作。

犬界消息

「一隻哈巴狗，坐在大門口……」不知道有沒有聽
過「一隻哈巴狗」這一首兒歌呢？其實「哈巴狗」
就是巴哥犬，源自於中國，17世紀由荷蘭傳至歐
洲，現今的品種大多是後來在英國培育改良而成。

史努比

在好萊塢星光大道上擁有一顆星，更是美國太空總署的吉祥物。

史努比（Snoopy）是由美國漫畫家查爾斯・蒙羅・舒爾茲（Charles Monroe Schulz）所創作出來的虛構角色，形象是一隻黑白花色相間的小獵犬，最早出現於一九五〇年的連載漫畫《花生漫畫》（Peanuts）系列，設計靈感來自於繪者小時候養的寵物狗派克（Spike）。史努比的世界觀主要圍繞在牠的飼主查理・布朗（Charlie Brown）（雖然史努比總是記不起飼主的名字）身邊，而且史努比的想像力很豐富，興趣是寫小說（總是被出版社退稿），對牠的飼主與朋友做些無傷大雅的惡作劇，以及與牠的黃色「鳥」朋友——糊塗塌客（Woodstock，或是翻譯成伍德斯托克），一起在牠的紅色狗屋屋頂上做各種幻想冒險，像是變成運動選手、太空人、老師等等。說到紅色狗屋，史努比有一個很有趣的設定，那就是牠並不喜歡在狗屋裡休息，反而喜歡躺在屋頂上曬太陽，就像精靈寶可夢的皮卡丘一樣，不喜歡進入寶貝球休息。而且史努比會幻想自己是戰鬥機駕駛員，紅色狗屋就是牠的戰鬥機，牠會戴上鋼盔、風鏡、圍巾，搖晃手中的手杖，在空中與幻想出來的德國飛行員「紅男爵」纏鬥，雖然最後都是以遭到擊墜收場。

原本的漫畫設定中，史努比有七個兄弟姊妹，最初的飼主也不是查理・布朗，而是一位叫克拉拉（Clara）的女孩。史努比第一次在漫畫出場（一九五〇年十月四日）時，是頭上戴著一束花的無名小狗，剛好經過查理・布朗的好朋友——帕蒂家的花檯下方，被當成是普通的花而被水澆得一身濕，從此開始出現在帕蒂的周圍，沒有固定的飼主。在出場後一個月，這隻無名小狗被命名為史努比，直到一九五八年九月一日的漫畫中，查理・布朗在信中介紹自己的家族成員，終於確認他就是史努比的飼主。

美國太空總署在執行阿波羅計畫時，選擇史努比作為吉祥物，還設計了銀色史努比獎章（Silver Snoopy award），用來表彰對航空事業有所貢獻的人員。若是對太空人有興趣的話，太空人出艙活動裝備編號 101（Communications

Carrier Assembly），有一款確保耳機、麥克風等通信裝備的帽子，因為外型而被暱稱為史努比帽，太空總署也在二〇一九年表示，預計在二〇二四年讓史努比登上獵戶座太空船並登陸月球。

史努比是風靡世界最受歡迎的卡通動物。

犬界消息

史努比最受歡迎的時候，以二十一種語言發行，全世界有七十五個國家認識這一隻可愛的小狗，此外，《花生漫畫》更因同時在逾二千家報紙連載，而創下金氏世界紀錄。

史酷比

巨大又膽小，神祕組織的偵探犬。

　　《史酷比》（Scooby-Doo，或稱作叔比狗），是陪伴很多人渡過童年的卡通，於一九六九年《史酷比，你在哪裡！》（Scooby-Doo, Where Are You!）首播便轟動一時，這部卡通以大丹狗與各主角們一同解開神祕事件為主軸，由美國漢納一巴伯拉動畫公司的喬・魯比（Joe Ruby）與肯・斯皮爾斯（Ken Spears）兩位動畫大師所創作，除了動畫電影外還陸續拍了四部真人版電影，至今受歡迎程度不減，仍是極具熱度的卡通人物。

　　史酷比的創作人肯・斯皮爾斯生於一九八三年，二十一歲就進入漢納一巴伯拉動畫公司擔任音效剪輯師，並與喬・魯比一拍即合，兩人開始一同創作，最終激盪出「史酷比」這個卡通角色，牠身形雖壯碩，但個性卻非常膽小，是一隻很憨厚的大丹狗。《史酷比》描述一個叫做「神祕事件公司」的組織，為了破解懸案而四處旅行，故事裡的大丹狗史酷比口頭禪是：「史酷比嘟比嘟（Scooby Doo be doo）」，體型巨大卻非常膽小又愛吃。而實際的大丹狗跟史酷比一樣個性溫和、隨和忠誠，但卻相當聰明勇敢，還被稱作是寵物狗世界中的隨和巨人，完全不像故事裡一有事情發生，就立馬跳到夥伴身上那般憨直畏縮。現實生活中大丹狗非常機靈，可以很快解讀主人下的各種命令，並在當下反應，非常容易訓練，因此也可以是很不錯的獵犬或警衛犬。

　　由於史酷比動畫裡角色鮮明逗趣，世界上幾乎沒有任何一個國家會不播放它，這也讓創作者喬・魯比與肯・斯皮爾斯聲名大噪，其後兩人於一九七七年自立門戶開創了 Ruby-Spears 動畫公司，陸續創作出許多好動畫如：《T 先生》（Mister T）、《花栗鼠三重唱》（Alvin and the Chipmunks）與《超人》（Superman）等，兩人一同經歷了人生的歡笑喜樂，也同年於二〇二〇年辭世，想必是等不及到天堂再次攜手創作了吧。

超大史酷比狗氣球在斯坦福市中心遊行。

犬界消息

大丹狗又被稱作「犬界的阿波羅」，身形高大，先前第一章提到創下最高狗狗金氏世界紀錄的便是大丹犬。

雷克西奧

波蘭的人氣動畫，解決紛爭的國民狗狗。

雷克西奧（Reksio）是一個有名的波蘭動畫故事，創作者為萊霍斯拉夫·馬爾薩雷克（Lechoslaw Marszalek），講述一隻棕色白色相間的混種小花狗名為雷克西奧，與好友一同去冒險並解決許多紛爭的友情故事。這部長達二十三年的動畫於一九六七年首播，每集片長約十分鐘，共播出了六十五集。在波蘭人心中可說是國民狗狗的地位，遠超過大家熟悉的史努比或是史酷比。

當時波蘭由共產政府掌權，所有的電視頻道都被嚴密監控，媒體題材需要仔細檢驗才可播送，製作期加上檢驗期冗長的不得了，因此雷克西奧播出期程非常緩慢，一九六七至一九七一年間只完成了六集，一九七二年製作了七集。後期能順利上映也是因為故事與當時政府提倡的理念不謀而合有關，一隻精通多國語言的狗狗，住在別爾斯科·比亞瓦城市裡的農莊中，由於聽得懂各種動物的話常被找去排解紛爭，有時候是一隻鵝和豬在吵架，請他來評評理、有時穿著波蘭國旗顏色的主人也會一同加入冒險，所有的故事都發生在居住的農莊中，與莊裡的消防員、護士甚至太空人一同上演各種戲碼，雷克西奧並不會說話，而是以默劇和音樂的方式展現他機智過人的一面，當時劇中有真實喝酒、抽菸、死亡甚至撒尿的畫面，如果以現今卡通分級制度來看應該不會通過，足以顯見雷克西奧完全是以當時政府的角度來審核，但對比現在的卡通而言多了真實感。

由於不需要任何語言就能展現故事的張力，因此雷克西奧很快就在其他的共產國家中播放，如蘇聯、捷克及斯洛伐克，之後也更名為「Ruffs Patch」的名字在英國播出，或以「Rexie」的名字在法國與希臘播映。所有的故事直到波蘭民主化後四年，約一九九〇年完結，這部動畫歷經共產政黨執政時期，或許可說是貨真價實的共產社會動畫片，如今這隻雷克西奧已被擬人化，片中的火柴人類已不復見，故事變成狗狗會站立、愛咬主人的鞋、喜歡舔主人的臉，成了大眾所熟悉的狗狗形象。

雷克西奧在波蘭的紀念雕像。

犬界消息

為了紀念雷克西奧，不僅在牠所出身的城市別爾斯科·比亞瓦中設有牠的雕像，更甚至以牠為主角，製作了不少遊戲。

096

布丁狗

讓人想咬一口，最受歡迎的小黃狗。

　　布丁狗（Pom Pom Purin）是日本三麗鷗公司於一九九六年所創造的卡通角色，創作者同時也是大眼蛙的設計者地井明子。牠是一隻可愛的黃金獵犬，胖胖的黃色身體，頭戴咖啡色的貝雷帽，是隻可愛的小公狗，關於名字的由來，聽說是有天主人為牠戴上一頂咖啡色的帽子時，乍看之下就像一顆布丁，所以就被稱作「布丁狗」了。

　　布丁狗的生日是一九九六年四月十六日，名符其實的活潑牡羊座，最喜歡收集一隻鞋子，令主人很困擾，平日最愛睡覺，還喜愛做布丁操。最喜歡聽的話是「出門囉！」因為散步是牠一天最期待的事。而牠除了生活優游自在外還很貪吃，尤其對媽媽做的布丁和牛奶完全無法克制，只要自己被關在家就會很傷心，對未來的希望是再長大一些些。

　　而布丁狗的爸爸是會雙關語的偵探，媽媽則在甜點店上班，牠有非常多的朋友：例如喜歡打扮成女生的馬卡龍，也是一隻黃金獵犬，身上有大大的領結。椰奶是出生在南國島的活潑男孩，奶黃是開心的黃鳥，果子露是喜歡夏天的海鷗，香草是愛吃冰淇淋的白熊，瑪芬是愛咬東西的倉鼠，司康餅是忠心的老鼠，貝果是活力滿滿的松鼠，爽身粉是一隻怕生的女生兔兔，奶油是愛撒嬌的企鵝，蛋塔是愛冒險的橘色垂耳兔，薄荷是很會跳高的青蛙。

　　布丁狗偶而會出演三麗鷗玩偶音樂劇，曾在日本《草莓新聞》舉辦的「三麗鷗登場人物大獎」中，從一九九七年開始至二〇一九年間獲得全球各區總排名第一名到第三名不等的佳績，二〇二〇年更是臺灣區的第一名，該名次是由讀者選出，由此看出這個角色深受大小朋友喜愛。布丁狗常與三麗鷗家族一同露出，近幾年開始有也了自己的專屬活動，如二〇一八年的平溪天燈節和二〇二〇年的士林官邸菊展及臺灣動物助養大使等，讓喜愛布丁狗的狗迷們能夠一飽眼福。

布丁狗充滿療癒的形象，深受大眾喜愛。

犬界消息

三麗鷗的狗狗朋友中，除了布丁狗以外，還有
一九八九年的帕恰狗、二〇〇一年的大耳狗喜拿。

097

殺手犬

戰爭的武器，西班牙的超級戰犬。

　　一隻凶惡的狗或許不足為懼，若是成千上萬並生性兇猛的狗被訓練為一支軍隊會是什麼樣的景象呢？在過去三千年裡，古埃及人、希臘人、波斯人、薩爾馬提亞人、亞述人、英國人和羅馬人都曾訓練戰犬為其所用，這些狗狗也有任務分配，有的是偵察兵、有的是哨兵、追蹤者，最殘忍的則是劊子手，貝塞里略（Becerrillo）就是西班牙人所訓練出的超級戰犬。

　　貝塞里略（Becerrillo）的名字意味著「小公牛」，是一隻有著棕色眼睛、紅色毛皮的獒犬，為西班牙探險家及征服者胡安·龐塞·德萊昂（Juan Ponce de León）所擁有，當時胡安·龐塞·德萊昂擔任波多黎各的總督，無暇顧及貝塞里略，因此經常委託迭戈·吉拉爾特·德·薩拉查（Diego Guilarte de Salazar）上尉和桑喬·德·阿拉貢（Sancho de Aragón）照顧貝塞里略，牠被訓練來進行許多懲處的工作，能分辨西班牙人和當地人，很會搜尋逃跑的俘虜並教訓不願歸順的當地人，也參與戰爭，並擁有能以一抵五十位士兵的威脅性，因此常擔任戰爭的前鋒。而牠毫無忌憚的破壞與啃咬，造成當地毀滅性的影響，貝塞里略的威猛揚名海外，令人聞風喪膽。當時更有人說寧願對戰十位士兵，也不要一個貝塞里略。

　　其他戰爭史蹟上也可看見使用戰犬的國家，其中包含公元前六百年呂底亞國王阿利亞特與辛梅里亞人（Cimmerians）的戰鬥中，以戰犬來進行襲擊與殺敵。安納托利亞的軍隊則是騎兵與戰犬一同合作，先放出戰犬一路破壞，騎兵再以迅雷不及掩耳的速度擊潰敵軍。而在公元前四八〇年，波斯的薛西斯一世入侵希臘，也帶了大批印度獵犬。同樣地，在公元前四九〇年，有名的馬拉松戰役，在希臘人和波斯帝國裡也有戰犬的足跡。過了幾個世紀，羅馬軍隊更將馬魯索斯犬（Molossian）訓練為工作犬及戰鬥犬，進行大小戰爭，同時也成為羅馬競技場中的表演犬與處決犬。

羅馬軍隊將馬魯克斯犬訓練為工作犬及戰鬥犬。

犬界消息

近代狗作為戰場上的武器，可在第二次世界大戰期間的蘇聯紅軍中看到，他們將狗訓練為反坦克犬，將炸藥綁至犬隻的身上，並讓牠們跑到敵方的坦克下，隨即引爆炸藥來破壞坦克。

098

流浪狗戰爭

僅維持十一天，莫名其妙的烏龍戰爭。

流浪狗戰爭（War of the Stray Dog）其實是一場莫名其妙的戰爭，一隻由希臘士兵所照顧的狗不小心跑進保加利亞邊境，主人追了上去後不幸被槍殺，因此惹出一長串的國際戰爭。由於當時巴爾幹半島戰事嚴峻，希臘和保加利亞原本就是敵對關係，因為這場希臘士兵被槍殺事件加深了彼此的怨懟，希臘向保加利亞官方表達不滿，並要求在二十四小時內交付兩百萬法郎賠償，結果即使期限已到，保加利亞完全忽視希臘的要求，於是戰爭一觸即發，最後商請國際聯盟來調停，才終於結束這場烏龍戰事。

這是發生在一九二五年，僅維持十一天的戰爭，因為保加利亞完全漠視希臘士兵的意外事件，因此惹怒了希臘，希臘軍隊向保加利亞邊防守軍發起了進攻，而且屢屢獲勝，保加利亞深怕戰事擴大也派兵象徵性抵抗，但是國家的熱血青年卻是一個號召一個，頓時愛國情操高漲，匯集了非常多為國參戰的年輕人。然而這些完全沒受過訓練的菜鳥兵根本敵擋不了驍勇善戰的希臘軍隊，節節敗退，當希臘軍隊攻下保加利亞佩特里奇（Petrich）時，並沒有真要拿下城池的打算，反而在佩特里奇開心合照，希臘方面只希望保加利亞趕緊交錢贖地並奉上戰爭賠款，兩方僵持不下，戰事打打停停，相當消耗。

最後國際聯盟出面調停，但過程令人訝異，聯盟指責希臘引發兩國戰爭，勞民傷財，因此必須賠償保加利亞四萬五千英鎊以示懲戒，而保加利亞僅賠償受害者家屬，這當然引來希臘不滿，並提出嚴正抗議，但最後敵不過英法在國際上的軍事地位，希臘不僅退出了保加利亞還得乖乖獻上罰款，真是得不償失。然而保加利亞並沒有為此感到慶幸，反而嫌希臘賠的款項太少，兩國之間結下更深的樑子！

這場「希臘走失狗」事件充分顯示希臘外交的無能，原來可乘勝追擊的機會卻因為一時的貪婪被反客為主，也重挫希臘當時潘加洛斯獨裁政府的聲望，導致最後以垮台收場。

流浪狗戰爭是一場維持十一天的烏龍戰爭。

099

美國人道狗英雄

人類的夥伴最高榮譽獎項。

美國人道英雄獎（American Humane Hero Dog Awards）是由美國第一個國家人道組織「美國人道協會」（American Humane）所舉辦，是一項年度的全國性競賽，分成七項類別：執法和偵查犬、軍犬、治療犬、服務犬、庇護犬、搜救犬和導盲犬。其宗旨在表彰狗狗的英勇事蹟，該計劃得到了來自世界各地的知名人士、愛犬人士的支持和參與。在數百名的競爭者中，只有一隻狗將獲得美國英雄犬稱號。每年秋天，七名幸運的決賽選手和牠們的人類同伴都會在 Hallmark 頻道的英雄狗獎全國廣播中出現。

在過去的十幾年裡，美國人為成千上萬隻狗投了數百萬票，所有人都在尋求夢寐以求的美國英雄狗稱號。美國人道協會總裁兼首席執行官羅賓·甘澤特（Robin Ganzert）博士也為這場賽事發表了演說：「無論是在戰場上保護我們、幫助我們應對醫療挑戰，還是只是在辛苦一天後用熱情的吻來撫慰我們的精神，狗每天都在拯救和改善我們的生活。美國人道英雄犬獎是我們向人類最好的朋友致敬的方式，我們邀請每一位愛狗人士花幾分鐘時間來表彰這些非凡的動物，感謝牠們每天向我們展示的愛、技能和忠誠」。

二〇二一年由美國人民超過一百萬的投票以及愛犬專家們所組成的 VIP 小組的審議，來自賓夕法尼亞州胡克斯頓的四歲混合獵犬布恩（Boone）被評為全國最英勇的狗狗，牠擊敗了四百多位參賽選手，成為當年度的美國人道英雄。布恩的故事從牠失去一雙腿開始，牠的主人譚雅·迪亞博（Tanya Diable）並不介意牠需要特殊照顧，決定收養牠，布恩的家人為牠安裝了輪椅代替後面的兩隻腳，從那個時刻開始牠就像一隻活潑正常的小狗，將牠的微笑和堅強傳遞給需要的人們。布恩成了一名深受孩子愛戴的治療犬，也是非營利組織 Joey's PAW（提供狗狗義肢和輪椅）的大使，這間公司為全球七百多隻在全國收容所和救援中行動不便的狗狗提供幫助，而譚雅也將布恩的故事製成繪本《領結布恩》（Bow Tie Boone）期望將對牠的愛傳遞下去。

2018 年出席美國人道英雄狗獎頒獎典禮的狗狗。

犬界消息

美國人道協會成立於一八七七年,致力於保護動物的權利福祉,而美國人道英雄獎舉辦至今,也已經選出十一位英雄狗。

100

迪金勳章

最高榮譽的動物勳章，頒發給在戰爭中表現傑出的動物。

迪金勳章（Dickin Medal），是頒發給在戰爭中表現傑出的動物，是動物專屬的勳章，所以又被稱為「動物的維多利亞十字勳章」，是動物徽章中的最高榮譽。迪金勳章由瑪麗亞‧迪金（Maria Dickin）創立，她也是英國獸醫慈善協會（PDSA）的創辦人。獎章上有月桂花環，並刻有「為英勇」和「我們也服務」（For Gallantry We Also Serve）的字樣，並以綠色、深棕色和淡藍色條紋絲帶所組成，代表著在戰爭時期為武裝或民間部隊作出相當貢獻並忠於職守的動物，極其崇高又神聖，在一九四三年到一九四九年間總共頒發了五十四次，隨後在二〇〇〇到二〇〇七年又頒發了十二次，這些動物部分被埋葬在埃塞克斯郡伊爾福德的 PDSA 動物公墓，並享有軍事榮譽。

而第一隻被埋葬在公墓的獲獎動物是一隻名為瑞普（Rip）的狗狗，瑞普是未受過搜救訓練的流浪犬，由倫敦的空襲巡邏隊找到帶回照顧。後來，瑞普以牠優秀的犬類天賦，協助巡邏隊尋找與拯救了一百多位遭到空襲的受害者，也促成英國政府訓練搜救犬的計畫。後來瑞普的獎章於二〇〇九年在倫敦的拍賣會上以兩萬四千多英鎊拍出。

希拉（Sheila）則是第一隻非軍警職單位的獲獎犬隻，職業是牧羊犬。一九四四年時，一架載滿炸藥的美國轟炸機在英國英格蘭與蘇格蘭的邊界墜毀，希拉跟牠的主人前往查看，當時因為有暴風雪，能見度很低，但希拉還是找到了四名躲在山縫避難的飛行員，並趕在轟炸機上的炸彈爆炸前，將四位飛行員帶回他們的小屋。希拉的英勇故事也被記錄在電影《To The Border Bred》裡。

而知名的美國九一一事件時，有一群英勇的搜救犬在美國世貿大樓廢墟中進行搜救，在雙子星大樓倒塌十五分鐘後就到達現場進行救援，而阿波羅（Appollo）是第一隻到場的搜救犬。大樓現場非常危險，阿波羅就好幾次差點被墜落的大樓碎片砸傷與突然竄出火焰燒傷，生死一瞬間。二〇〇一年，由阿波羅代表世貿大樓現場的所有搜救犬領獎。

目前最新獲得迪金勳章的狗狗是二〇二一年，一隻在法國服役的軍犬，名為勒克（Leuk）的比利時牧羊犬，主要工作是探測爆裂物以及偵查攔截敵人動態。二〇一九年時，勒克遭到敵人擊斃，之後，由於少了勒克的偵查，兩位軍人也因此遭到敵人突襲喪生，在在證明了勒克的重要性。在勒克的遺體被送回法國時，牠的戰友為牠覆蓋法國國旗，並主動在運輸機兩側列隊送行，送這位英雄最後一程。

九一一事件救援犬紀念碑。

犬界消息

如果統計一九四三年至今，目前已有三十二隻鴿子、三十五隻狗、五匹馬及一隻貓獲得迪金勳章的殊榮。

101

格雷特

與惡狼搏鬥，遭到錯殺的忠犬。

格雷特的故事發生在十三世紀，背景是貝德格勒特（Beddgelert），這是威爾士西北部埃里（Eryri）地區的一個村莊，也就是今天所稱的斯諾登尼亞（Snowdonia）。這隻狗因為主人的一時之氣與疏忽而枉死。

當時盧埃林王子是威爾士最有權勢的人，熱愛打獵，因此飼養了許多獵犬，而格雷特是他的愛犬之一。有天盧埃林和家人一起去打獵，囑咐格雷特好好照顧嬰兒，沒想到回來後卻看見格雷特滿嘴鮮血的歡迎他，他直奔嬰兒房，未尋到孩子便以為是被自己的愛犬咬死，一氣之下揮劍殺了格雷特，沒想到這時翻倒的嬰兒床傳來嬰兒的哭聲，還在旁邊看到一隻已死去的大狼，原來格雷特是為了保護小主人而和大狼搏鬥才滿口鮮血，但為時已晚，盧埃林抱著已奄奄一息的格雷特嚎啕大哭，感到悲傷和內疚，他帶著忠誠的獵犬到河邊，為牠舉行了英雄葬禮，據說從此之後盧埃林王子再也沒有笑過。

格雷特的墓地也被稱作貝德格勒特（Beddgelert），每年都有很多人來參觀。該遺址有一棵梧桐樹和一個石圈，裡面有兩座石板紀念碑，一塊是由威爾士語書寫、一塊是由英文書寫，記載著格雷特的事跡，但其故事的真偽仍有待證實。

格雷特的故事有強烈的不公正感，象徵一個無辜者的死亡。這個忠誠悲傷的故事還成了一些英語詩歌的基礎，其中包括威廉‧羅伯特‧斯賓塞（William Robert Spencer）於一八〇〇年左右創作的《貝絲‧格雷特》（Beth Gêlert）；及理查德‧亨利‧霍恩的《貝絲‧格雷特》。

這個忠心護主的狗狗是愛爾蘭獵狼犬，也是世界上最高的犬種，步伐迅速且視覺敏銳，當時只允許貴族能擁有，能適應寒冷的天氣，特質聰明並充滿愛心，很適合和孩子相處。由於擅長追蹤，因此常被用來當獵犬使用，初期還會獵殺鹿、野豬和狼等大型動物，但到了十九世紀，幾乎消失蹤跡。至於現代的愛爾蘭獵狼犬，是由喬治‧奧古斯塔斯‧格雷厄姆（George Augustus Graham）重新培育的品種。

英勇的愛爾蘭獵狼犬，為了拯救小主人與狼搏鬥。

犬界消息

先前在「嬰兒的守護者」中，提到一隻與蛇搏鬥、
英勇無比的狗狗「聖吉納福特」，與格雷特的故事
相似，依照學界對民間故事及童話的分類（簡稱AT
分類法），其實這樣的故事在印度、英國及法國，
都有著不同的改寫，但都是在描寫忠誠的動物，因
主人的魯莽衝動而死，是不少傳說故事的基礎。

++

　　狗的生命是短暫的，最多只能陪伴主人十餘年，所以與寵物相處的每一刻都彌足珍貴。狗狗的一生中只認定你，無論再久也會等你回來。牠們的天真，喚醒了我們的純真本心。

　　謝謝你，讓我發現什麼是真正的愛。

++

國家圖書館出版品預行編目資料

遇見101隻世界名犬：橫跨現實與虛構的狗
狗們,讓你看見牠們無窮的魅力 / 小文風作.
-- 初版. -- 臺中市 : 晨星, 2022.10
　　面；　公分. --（看懂一本通；015）
ISBN 978-626-320-222-1（平裝）

1. CST: 犬　2. CST: 寵物飼養

437.354　　　　　　　　　111011798

看懂一本通 015

遇見 101 隻世界名犬

橫跨現實與虛構的狗狗們，讓你看見牠們無窮的魅力

作者	小文風
企劃編輯	李俊翰
執行編輯	陳詠俞
校對	陳詠俞
美術設計	張蘊方
封面設計	柳佳璋

創辦人　陳銘民
發行所　晨星出版有限公司
　　　　407 臺中市西屯區工業 30 路 1 號 1 樓
　　　　TEL：（04）23595820　FAX：（04）23550581
　　　　E-mail:service@morningstar.com.tw
　　　　http://www.morningstar.com.tw
　　　　行政院新聞局局版台業字第 2500 號
法律顧問　陳思成律師
初版　　西元 2022 年 10 月 01 日

讀者服務專線　TEL：（02）23672044 /（04）23595819#212
讀者傳真專線　FAX：（02）23635741 /（04）23595493
讀者專用信箱　service@morningstar.com.tw
網路書店　　　http://www.morningstar.com.tw
郵政劃撥　　　15060393（知己圖書股份有限公司）

印刷　上好印刷股份有限公司

定價：350 元
（缺頁或破損的書，請寄回更換）

ISBN 978-626-320-222-1

線上回函
加入晨星，即享『50點購書金』
填寫心得，即享『50點購書金』